浙江省高校重大人文社科项目攻关计划项目资助（2014QN028）
浙江农林大学生态文明研究中心 2014 年度预研基金项目（ST1402Z）

畲族服饰文化变迁及传承

闫　晶　陈良雨　编著

中国纺织出版社

内 容 提 要

本书分为两部分，第一部分以历史文献为依据，以畲族服饰发展和演变的历程为经、不同时期畲族的生活文化背景为纬，梳理了从汉唐、宋元、明、清时期直至20世纪的畲族服饰文化变迁轨迹。分析不同历史时期畲族服饰在色彩、款式、装饰等方面所体现出的不同特色以及畲族文化生活背景对服饰发展变化的影响；本书第二部分从空间的维度对浙江、福建等地区的畲族服饰现状进行田野调查并做梳理，采取田野调查和文献考据相结合以及个别研究、比较研究和整体研究相结合的方法，以求对近现代畲族服饰、工艺及其文化背景有全面的、科学的、系统的认识。

图书在版编目（CIP）数据

畲族服饰文化变迁及传承／闫晶，陈良雨编著. --
北京：中国纺织出版社，2017.1
  ISBN 978-7-5180-3125-2

Ⅰ.①畲… Ⅱ.①闫…②陈… Ⅲ.①畲族—民族服
饰—服饰文化—研究—中国 Ⅳ.① TS941.742.883

中国版本图书馆 CIP 数据核字（2016）第 303621 号

策划编辑：陈静杰 张 程 责任校对：寇晨晨
责任设计：何 建 责任印制：王艳丽
中国纺织出版社出版发行
地址：北京市朝阳区百子湾东里 A407 号楼 邮政编码：100124
销售电话：010—67004422 传真：010—87155801
http://www.c-textilep.com
E-mail: faxing@c-textilep.com
中国纺织出版社天猫旗舰店
官方微博 http://weibo.com/2119887771
北京市雅迪彩色印刷有限公司印刷 各地新华书店经销
2017 年 6 月第 1 版第 1 次印刷
开本：787×1092 1/16 印张：9
字数：130 千字 定价：98.00 元

为了梦中的凤凰

在人类历史长河中，有多少民族、多少文明消失了，怕是一个无法确证的课题。就我国而言，历史上也有不少少数民族已经消亡，像柔然、羯、氐、鲜卑等，都曾经轰轰烈烈和辉煌过，后来渐次黯淡了、消失了，永久退出了历史舞台。虽然这种消失更多的是归于"融合"，但是若干多元化的民族文化却只能从民族记忆和现有民族文化中去甄别和感知了。有一点是确定无疑的，那就是我们再也无法知道他们的语言、艺术、生产、生活习俗的全貌了。现存的少数民族虽然延续下来，但由于受到其他民族的影响，其文化符号总体上有一种不断弱化、淡化乃至异化的趋势，因而随着岁月的流逝而越来越模糊，欲求其文化全貌亦成为一件不容易的事情，比如畲族。

畲族是生活在我国南方的少数民族，有人口逾70万，其中75%以上集中在闽东、浙南，其余散居于云、贵高原以及赣东、粤北、皖南的偏远山区。基本是多民族杂处，各民族因生活积淀，产生了与之相适应的文化。畲族非物质文化遗产丰富多彩，在非物质文化遗产项目"民间文学""民间音乐""民间舞蹈""传统戏剧""曲艺""杂技与竞技""民间美术""传统手工技艺""传统医药""民俗"十个类别中，均有涉及畲族的非遗项目。而名列"非遗"者，又往往是迫切需要抢救性保护的项目。

追本溯源，可以发现，畲族最初居住在广东省潮州市凤凰山一带，后来由于生存、生产的需要，逐渐向周边区域迁徙，在漫长的历史岁月中与汉族及其他少数民族相互交往、融合，当然这是一个不无痛苦和牺牲的过程，在这个过程之中畲族从生活方式到生产方式都深受汉族和其他少数民族文化的影响。就服饰而言，畲族是长期生活在条件艰苦的深山中的民族，因此选择麻布这一结实、耐磨的材料制作服装。畲族服饰上的图案除了借鉴其他族属的灵感之外，多来源于生活，生活中的花鸟鱼虫、飞禽走兽等都能作为图案样式出现，都出自畲族劳动妇女之手。在当时，她们对于服饰的生产和使用，完全是自给自足的，因此在制作过程中，她们可以随心所欲，根据自己的喜好，创制出各种样式的图案。长期生活在深山老林中的畲族人，习惯以自然山水为元素，畲族人偏爱的黑、蓝两色，与其所居处之生态环境密切相关，故而此两种颜色自然更多地成为其制作服饰时的普通色和普遍色。

一方面，由于畲族散居于闽、浙、赣等地的山区，受地理因素的影响，其服饰文化一旦形成则相对稳定，保持长期不变；另一方面，交通不便和物产相对单一致使不同区域的畲族服饰呈现出多样化特征。虽同一民族，却风格迥异。以浙江畲乡景宁为例，男士服饰大致是以青黑、蓝色为主带大襟的无领麻布衫、长裤，但由于长期与汉族杂居，如今畲族的男士服装已经很少有人穿着了；女士服饰所体现的民族气息更加突出，不分季节地着宽大的绣花大襟及膝长衫，在领、袖、襟口处都绣有很多花纹，腰间系做工精美的围裙。

畲族服饰中最有特色和代表性的要属凤凰装了。正如任何民族服饰的形成，都离不开历史上对宗教的信仰、图腾的崇拜和自然经济、民俗等因素的影响，畲族凤凰装的出现也与畲族的图腾崇拜有关，很大程度上体现了畲民朴实、勤劳、执着和具有创造性的生活态度以及对于凤凰的崇拜和喜爱。畲族男女通过凤凰装这一独具特色的服饰类型，实现了畲族对凤凰崇拜的文化表达。凤凰装中的凤冠代表凤凰之冠，腰间的飘带代表了凤凰长长的尾巴。凤凰装具有使用、记述等功能，畲族人以凤凰装为载体记录了自己民族的文化渊源和对祖先的崇敬，“凤凰”元素既美化了服饰，又使畲族的历史传说得以记载传承。从文化人类学的角度看，凤凰装在畲族女性服饰中扮演着重要的角色，畲族赋予它幸运吉祥的美好寓意。每逢人家有女儿诞生，都会赐予她凤凰装，而且不仅结婚、重大节庆时都要穿凤凰装，甚至死后还要穿着凤凰装入葬。从凤凰装的传说到凤凰装的形成，都反映了畲族女性在其社会生活中占有很高的地位，这也为畲族女性服饰的保存和发展提供了良好的环境。凤凰在畲族人心目中却有着很高的地位，附有诸多美誉，凤凰自古以来就被视为各种美好祝愿的化身，在古代传说中被称为百鸟之王，是天下太平的象征。随着时间的推移，凤凰也成为了富贵吉祥、高贵典雅的代表。因此畲族妇女把有关凤凰的花鸟图案绣在民族服饰上，头戴凤冠，身穿凤凰装，把自己打扮得宛若一只美丽的凤凰，在表达了对凤凰的喜爱和崇拜外，也希望生活富足、社会安定，祈求一生能像凤凰一样充满美好，畲族人民把一切美好的词汇都赋予了凤凰，凤凰装寄托了一个无比靓丽的民族梦。

历史上民族和民族文化的消亡多因生态灾害和战争。现代民族和民族文化的消亡，抛去一定程度的战争因素之外，多因科技的突飞猛进所导致的生活方式的剧变。随着经济社会的迅速发展，和其他少数民族文化一样，目前畲族文化面临一个亟待抢救、传承和发展的问题。一是畲族语言逐渐失传。由于经济与社会的发展，城镇化的推进，畲民大量移民下山或外出务工，逐步融入城镇生活，失去畲语环境。现在畲族村寨中的青少年，许多人不会畲族语言，并有年龄越小懂得民族语言越少的趋势，因此畲族语言正在发生着一些不可逆的消亡。二是畲族习俗、民歌与服饰濒临消失。如畲族传统婚礼，以歌为主线，贯穿二十几道礼仪程序，是研究民俗文化典型的"活化石"；畲族"三月三"，是畲族传统的盛大节日，在不少畲族聚居区已很少看到，民族服装多在节日穿，平时走进畲家山寨已看不到有人穿少数民族服饰。而濒临消失的不仅仅是语言、民歌、服饰、民俗，还包括畲族武术、医药以及流传民间的歌本、族谱、碑刻等宝贵文物，如果再得不到应有的重视和保护，畲族文化整体消失的命运在所难免。三是宗族管理机制已荡然无存。畲族文化设施毁败，宗祠萧条，传统节日不再辉煌，祭祀活动的程序、技艺逐渐失传，失去弘扬畲家人传统美德的场所和载体。

正是在这个意义上，闫晶博士的《畲族服饰文化变迁及传承》才显得如此重要和可贵。多年以来，闫晶博士致力于畲族非物质文化遗产，尤其是在服饰文化的整理和研究领域，着力颇深，对浙、闽、赣、皖等地现存服饰及民俗等进行了卓有成效的普查，并将普查的成果登记、分类并予以整理，为政府有效保护提供科学依据，并对濒临消失的畲族各种文化习俗、服饰等确定研究课题，进行有计划的后续挖掘整理，使畲族文化能够得以传承和发展。

闫晶博士的《畲族服饰文化变迁及传承》是一部凝聚了其心血和智慧结晶的力作，资料翔实，视角新颖，新意迭出，有着十分重要的社会学、民俗学、艺术学和民族学意义。

2016年5月28日

前言

　　服饰，与人类的生活紧密地联系在一起，是人类文化的物态化结晶，伴随着人类生存繁衍、迁徙流变、融会更迭，彰显着人类文明发展的轨迹。研究服饰文化的变迁与传承，对于文化的继承、开拓有着不可估量的作用。只有对自身的传统民族服饰文化及变迁产生影响的各种动因进行全面、深刻的认识，了解其形成、形态、特征和相互作用的过程，才能真正继承、发扬和开拓本民族服饰文化。

　　畲族在我国主要分布于福建、浙江、广东、江西、安徽等地区，是为数不多的主要聚居于华东地区的少数民族之一。据第六次全国人口普查统计，2010年11月1日畲族人口为708651人。畲族作为中国众多少数民族中的一员，有其自身独特的文化体系，其服饰文化越来越成为畲族研究的一个重要领域。但是畲族服饰文化存在着严重的汉化现象，许多畲族服饰工艺已失传或面临失传。研究畲族服饰文化对抢救文化遗产、弘扬民族文化艺术具有积极的作用。

　　畲族服饰文化是畲族在历史长河中，人与自然和谐相融而形成的人文结晶，其本身就是一种生态文化。在长期演进的过程中，这一原生态的文化与所处的地理环境、社会环境、时代背景以及畲族居民的传统习俗相互协调，形成天时地利人和的共生关系。研究畲族服饰文化能为营造适合民族文化生存和发展的文化生态环境提供一定帮助，也能为当代生态设计、人文设计、绿色设计提供独特的借鉴。

　　畲族服饰文化的研究还对开发文化资源、培育畲族文化产业和打造畲族特有的文化品牌具有一定的意义，对于畲族地区的经济、文化发展有着积极作用。文化资源本身是一个巨大的磁场，挖掘文化资源、营造文化氛围能使相应地域发挥其可持续发展的潜力与活力。

　　畲族服饰伴随其先民辗转迁徙，对其早期服饰形态的记述文献资料进行考据、研究，还能窥探畲族与苗瑶等同源异流民族的相互关系，探索畲族乃至中华民族服饰文化的形成、发展之脉络。畲族服饰文化变迁研究对文化人类学、民族学等学科及其之间的交叉研究都具有一定借鉴作用。

　　本书分为两个部分。第一部分"畲族服饰史略"包括第一章和第二章，以历史文献为依据，以畲族服饰发展和演变的历程为经、不同时期畲族的生活文化背景为纬，梳理了从汉唐、宋元、明、清时期一直到20世纪的畲族服饰文化变迁轨迹。

第一章将古代畲族服饰发展和演变的整个历程大致分为原始时期、多源融合时期、流徙从简时期和涵化成型时期四个时期进行梳理，并对古代畲族服饰文化变迁的动因进行探讨和总结，将影响古代畲族服饰文化变迁的因素可以归纳为引起其服饰演变的因素和促使其服饰传承的因素两个方面。演变因素又可分为生物因素、地理因素、经济因素、工艺发展因素、文化传播因素、心理因素等；传承因素主要集中在民族信仰因素和民族性格因素两方面。第二章将近现代畲族服饰发展和演变的整个历程大致分为清末、民国、新中国成立至改革开放和改革开放以来四个时期进行梳理。旨在通过分析不同历史时期的畲族服饰在色彩、款式、装饰等方面所体现出的不同特色以及畲族文化生活背景对服饰发展变化的影响，分析畲族服饰文化变迁的规律。

第二部分"畲族服饰传承现状"，包括第三章至第六章，对浙江、福建及其他地区的畲族服饰进行田野调查并做梳理，采取田野考察和文献考据相结合以及个别研究、比较研究和整体研究相结合的方法，以求对近现代畲族服饰、工艺及其文化现状有一个较全面的系统认识。

第三章将作为全国唯一的畲族自治县的浙江丽水景宁县的畲族服饰进行典型案例分析，先对作为基础的畲族近代染织工艺作一梳理，再对畲族盛装进行研究和说明——以畲族女子盛装中的凤冠、花边衫、织锦拦腰为重点研究实体，对其进行详实的描述，包括材料、色彩、造型、纹样、工艺等。除对浙江地区的景宁畲族自治县，温州平阳、苍南及杭州桐庐等地进行走访调研外，本书作者先后多次深入畲族聚居的华东地区福建闽东宁德、福安、霞浦、福鼎、罗源、闽南漳浦和江西贵溪樟坪等地的畲族自治乡以及周边地区，对畲族服饰进行了较为全面的搜集和整理。第四章以2010年4月夏季的田野调查为基础展开论述。此次实地考察分别选取了代表福安式的福安市社口镇牛山湾村和宁德蕉城区八都镇猴盾村；代表罗源式的宁德蕉城区飞鸾镇向阳里村和南山村；代表霞浦式的霞浦县溪口镇半月里村；代表福鼎式的福鼎市硖门乡等几个畲族自然村进行田野调查，较为全面地考察了福建畲族服饰的形制工艺等现状。第五章综合了前期系列田野调查和历史文献资料，对江西、安徽、广东、贵州四个主要畲族聚居地区的畲族服饰及工艺进行了整理和分析。第六章借鉴生态后现代主义理论，阐释了孕育传统畲族服饰文化的原生态文化系统，分析了现代主义思潮影响下畲族服饰文化变迁的动因，最后提出民族服饰文化保护及其可持续传承的建议。

　　本书第三章现代浙南畲族服饰之"3.2盛装工艺"部分由作者陈良雨独立完成，本书其余部分由闫晶独立完成。本书同时获得浙江农林大学生态文明研究中心2014年度预研基金项目（ST1402Z）和浙江省高校重大人文社科项目攻关计划项目（2014QN028）资助，在此表示感谢。

闫晶　陈良雨

2016年11月3日

目录

1 第一部分 畲族服饰史略

第一章 古代畲族服饰文化变迁

第二章 近现代畲族服饰文化变迁——以浙南为例

第一章　古代畲族服饰文化变迁

畲族服饰在漫长的岁月中不断地发展变化着，这些变化向人们无声地吐露着畲族人在历史进程中所经受的政治动荡、社会变革、经济发展、文化浸染、种族流变和宗教洗礼。

1.1　古代畲族服饰文化变迁历程

1.1.1　畲族服饰原始时期

畲族族源至今众说纷纭，有苗、瑶、畲同源于"武陵蛮"一说；有越人后裔一说；有源自古代广东土著居民一说等，尚无定论[1]。据畲民族谱记载，畲族起源于广东潮州凤凰山。在汉晋以后、隋唐之际，畲族先民就已劳作、生息、繁衍在粤、闽、赣三省交界地区。

据《后汉书·南蛮传》载，畲族先民盘瓠蛮"织绩木皮，染以果实，好五色衣服，制裁皆有尾形"、"衣裳斑斓"。直至唐初，畲族所处的地区山脉纵横，"莽莽万重山、苍然一色，人迹罕到"，使得早期畲族与世隔绝，受外界干扰少，因此上述独特的民族服饰特征得到了延续和保持。如《云霄县志》记载唐代居住在漳州地区畲族先民的发式和服饰为"椎髻卉服"。《赤雅》载："刘禹锡诗，时节祀盘瓠是也。其乐五合，其旗五方，其衣五彩，是谓五参。"唐朝陈元光《请建州县表》载，唐朝前期福建漳州一带畲族先民"左衽居椎髻之半，可耕乃火田之余"[2]。《畲族历史与文化》一书也载："唐宋时，畲族妇女流行'椎髻卉服'，即头饰是高髻，衣服着花边"[2]。

可见汉至唐初畲族服饰较好地保持了原始风貌，其主要特征为：

（1）色彩：鲜艳的五色。

（2）款式：衣摆或裙摆前短后长，部分衣服衣襟为"左衽"，呈现与中原相异的服饰特征。

（3）发型：将头发编束成椎形的高髻。

1.1.2　畲族服饰多源融合时期

宋元之际，在反抗封建苛政特别是榷盐弊政的共同斗争中，畲族与周边其他各民族人民在合作中通过交流，加强了融合，促进了畲族服饰文化的多源融合。

闽粤赣边区的土著居民属百越系统。直至汉初，这一地区仍主要居住着不同支系的越人即百越族群。正如《汉书·地理志》颜师古注引臣瓒曰：自交趾至会稽七八千里，百越杂处，各有种姓。"断发"、"文身"当为百越服饰习俗代表，文献记载也颇多。《淮南子·齐俗训》："越王勾践，剪发文身"。《战国策·越策》云："被发文身，错臂左衽，瓯越之民也"。《史记·赵世家》："越之先世封于会稽，断发文身，披草莽而邑焉"。《逸周书·王会》曰："越沤（瓯），剪发文身"。其他文献如《墨子·公孟》、《庄子·逍遥游》等也均有记载。而据《元史·完者都传》载："黄华聚党三万人，扰建宁，号头陀军"。"头陀"即"断发文身"。"头陀军"也是"畲军"的代名词。南宋中叶宁化的畲军领袖晏彪也曾号"晏头陀"[3]。这说明宋元时期畲族起义军在与闽越土著的交流合作中，吸收了其服饰元素；或部分闽越土著直接汇入畲族，成为其中的一部分，并随之引入了相应的服饰元素。

总结宋元时期畲族服饰的主要特征为：

（1）款式：吸收了文身这种百越民族服饰特征。

（2）头饰：吸收了断发这种百越民族头饰特征。

1.1.3 畲族服饰流徙从简时期

元朝统治者对抗元畲军进行了残酷镇压和分化瓦解，"至元十六年（1279年）五月辛亥，诏谕漳、泉、汀、邵武等处暨八十四畲官吏军民，若能举众来降，官吏例加迁赏，军民按堵者如故"[4]。这直接造成了畲族的大迁徙。从元后期至明万历年间，畲民开始大规模从闽西南沿闽南经闽东向浙南流徙。明万历进士谢肇淛游福建太姥山过湖坪时，曾目睹"畲人纵火焚山，西风急甚，竹木迸爆如霹雳，……回望十里为灰矣"，并写下"畲人烧草过春分"的诗句。顾炎武亦云：畲民"随山散处，刀耕火种，采实猎毛，食尽一山则他徙。"这些都是对明朝畲族游耕生活的真实记录。

据史料记载，明代畲民的风貌普遍为高髻赤足，较之先民显得颇为简朴，这与他们的流徙生活不无关系。如谢肇淛《五杂俎》载，福建畲族的服饰"吾闽山中有一种畲人……不巾不履。"明朝万历《永春县志》卷三《风俗》也载，畲族先民"通无鞋履"。《天下郡国利病书》载，广东博罗县畲族，"椎髻跣足。"《潮阳县志》载明代畲族"男女皆椎髻箕倨，跣足而行"。《永乐大典·潮州府风俗》载，福建潮州畲族"妇女往来城市者，皆好高髻，与中州异，或以为椎髻之遗风"。

畲民自明代开始在山上搭棚种青靛，熊人霖著《南荣集》记载崇祯年间闽西南"汀之菁民，刀耕火耨，艺兰为生，编至各邑结寮而居"（编者按："兰"同"蓝"）；《兴化县志》也载闽中莆仙畲民"彼汀漳流徙，插菁为活"。历史上，有称畲族先民为"菁寮"、"菁客"，是因畲族先民所到之地，遍种菁草。据明代黄仲昭《人间通志》卷四一载，"菁客"所产菁靛品质极佳，其染色"为天下最"。从这一时期起畲族服饰色彩即开始以青色为尊。

明代，赣闽粤交界区域已得到较为深入的开发，人稠地狭的矛盾日益突出。特别是明中叶在政治腐败日益加深的背景下，赣南的土著客家矛盾与畲汉贫民反抗封建统治的斗争交织在一起，造成连绵的暴动和起义。明政府剿抚并用，特别是王守仁巡抚南赣平乱时所推行的礼乐教化之心学主张，缓和了民族和阶级矛盾，促进了畲民的稳定向化[5]。部分畲民接受招抚加入官籍，他们的服饰也渐渐与汉族趋同。顾炎武即于《天下郡国利病书》中提到"三坑招抚入籍，瑶僮亦习中国衣冠言语，久之当渐改其初服云"。

总结元末至明中后期这一时期畲族服饰的主要特征为：

（1）色彩：开始以蓝靛所染青色为主要服色。

（2）款式：与当地汉族趋同。

（3）头饰：高髻、不戴头巾。

（4）足饰：赤足。

1.1.4 畲族服饰涵化成型时期

清代，畲族逐渐结束了迁徙的生活，主要在福建东北部、浙江南部定居下来。在与汉族人民"大杂居，小聚居"的格局下，畲族服饰一方面形成了自身的民族特色，一方面也不可避免地受到了汉族的影响。

畲族先民与以客家先民为代表的汉族人民在粤、闽、赣的交流渊源深厚。早在晋代，永嘉之乱促使大批中原汉人举族南迁闽西、赣南、粤东[6]。自唐末至宋，客家人因黄巢起义战乱所迫，从河南西南部、江西中部和北部、安徽南部，迁至福建西部的汀州、宁化、上杭、永定，还有广东的循州、惠州和韶州，更近者迁至江西中部和南部。宋末到明初，因蒙元南侵，客家人自闽西、赣南迁至广东东部和北部。这几次迁徙的地点正好是闽、浙、赣的交界处[7]。他们与畲族先民产生接触、交往和斗争，并引起了畲族社会生活和文化状态的改变。

明清以来，各地畲族在不同程度上走上了汉化的道路，如：永春县畲族在服饰、饮食、礼俗等文化上"皆与齐民无别"，长汀县畲客"男子衣帽发辫如乡人"等[8]。

据《平和县志》的记载"瑶人瑶种椎髻跣足，以盘、蓝、雷为姓。虞衡志云：'本盘瓠之后，俗呼畲客。自结婚姻，不与外人通也。……明初设抚瑶土官使绥靖之，略赋山税，羁縻而已。今则太平既久，声教日讫，和邑诸山，木拨道通，猺獞安在哉，盖传流渐远，言语相通，饮食、衣服、起居，往来多与人同，瑶獞而化为齐民，亦相与忘其所自来矣"[9]。从上文的记载可知：明初对畲民采取了绥靖政策，后经过畲汉长期的交流共处，到清初康熙年间，畲民已被慢慢地同化，言语相通，饮食、衣服、起居、往来多与当地汉人相同。

甚至部分畲民一改往日畲汉不能通婚的习俗，主动与汉人通婚，渐渐融入汉族。据清道光十二年《建阳县志》记载："嘉乐一带畲民，半染华风，欲与汉人为婚，则先为其幼女缠足，稍长，令学针黹坐闺中，不与习农事，食资亦略如华人，居室仍在辟地，然规模亦稍轩敞矣。妻或无子也娶妾，亦购华人田产，亦时作雀角争，亦读书识字，习举子业"[2]。

图1-1　清代《皇清职贡图》载福建罗源畲族服饰

图1-2 清代《皇清职贡图》载福建古田畲族服饰

乾隆时期《皇清职贡图》中所绘罗源、古田两地畲族男女服装款式皆大襟右衽（图1-1、图1-2），同于当地汉民[10]。

可见，无论是在历史上畲族聚居区的赣、闽、粤边地，还是闽北、闽东、浙南等畲族大迁徙后的新居地，畲族都在不同程度上汉化了。

如表1-1所示[11]，在这一时期除广东畲族服饰相对显得比较简朴外，福建、浙江、江西的畲族服饰基本类同。比较突出的服饰特征可总结为以下几个方面：

（1）色尚青蓝：服饰色彩以青色、蓝色为主，浙江地区多"斑兰"花布。

（2）款式精短：畲服款式普遍为短衣、短裙，大部分裙长不及膝盖，清末也有改为着裤的情况。

（3）装饰颇盛：较之前朝的"不巾不履"，清代畲族男女在头饰、足饰、装饰品等各方面都更显丰富。

（4）男女有别：男子戴竹笠穿短衫，一般赤脚，耕作时穿草鞋。女子一般先梳高髻，以蓝花布包头，再戴竹制头冠，并装饰以彩色石珠。

（5）汉化加深：在畲汉交流日益深广的情况下，女子赤脚的习俗在清末逐渐转变，在正式场合开始穿与汉族绣花鞋类似的布鞋，平时则穿草鞋或木屐。

纵观畲族服饰文化逾千年的变迁，能看到闽越土著百越族群的衣饰身影，也能发现以客家文化为代表的汉族文化对其的渗透影响。畲族服饰文化的发展演变一直是在与周边各民族的融合中进行的。可以说，通过畲族服饰的发展历史，可以窥见中华民族大家庭中居于闽、粤、赣的各个民族在文化上的互相渗透、互相影响、互相吸收、互相融会的历程，可以窥见中华民族文明发展演变历史之一斑。

表1-1 清代各地畲族服饰

地区		服饰色彩	服装款式	头饰	足饰	饰品	材质
福建❶	福州地区	罗源：多以青兰布	罗源：男短衣，女围裙 侯官：男短衫	罗源：男椎髻；女挽髻，蒙以花布，间有带小冠者，贯绿石如数珠，垂两鬓间 侯官：女高髻垂缨	罗源：女着履 侯官：男徒跣	罗源：围裙	罗源：布
	宁德地区	古田：兰布；布带	古田：女短衣布带，裙不蔽膝 福安：男短衣	古田：男竹笠；以兰布裹发，或带冠，状如狗头；头戴冠子，以竹履之，或以白石、兰石串络冠上，或夹垂两鬓 福安：女交髻蒙巾，加饰如璎珞状	古田：男草履；女跣足 福安：男子跣足	古田：围裙	古田：布
	龙岩地区			永定：女草珠，璎珞			
浙江❷	清前中期处州地区（今丽水地区）	遂昌：斑兰布 景宁：布斑斑；五色椒珠	遂昌：女腰着独幅裙 景宁：男单袷不完，勿衣勿裳；女短裙蔽膝，勿绔勿袜	处州：女戴布冠，缀石珠；冬夏以花布裹头，巾为竹冠，缀以石珠 遂昌：椎髻，以斑兰布包竹筒，缀以珠玑其首 景宁：女椎结，断竹为冠，裹以布。布斑斑，饰以珠，珠垒垒，皆五色椒珠	处州：女赤足 遂昌：女跣足 景宁：勿袜、跣足		景宁：无寒暑，皆衣麻
	清末丽水地区	皆服青色；腰带赭色；鞋头绣缀红花	阔领小袖，与僧尼相似。袖宽五六寸，衣长二尺八寸许。一般都围以青裙，后来也有改裙为裤的		做客时黑色布鞋，鞋头绣缀红花，并有短须数茎；劳动穿草鞋；在家跢木屐	不用纽扣，仅系以带子；腰缚以花带，带宽二三寸	赭色土丝绸
江西❸	鹰潭地区	贵溪：青色布		贵溪：女子既嫁必冠笄，其笄以青色布为之，大如掌，用麦秆数十茎著其中，而彩线绣花鸟于顶，又结蚌珠缀四檐			
广东❹	潮州地区			海阳县（今潮州市）：不冠	海阳县：不履		

---

❶ 摘自傅恒：《皇清职贡图》卷三；张海若：《古田县志》卷二十一，《礼俗·畲民附》；吕谓英：《侯官县乡土志》卷五，人类；杨澜：《临汀汇考》卷三，《风俗考5畲民附》。

❷ 摘自周荣椿：《处州府志》卷二十四《风土》，光绪三年；周荣椿：《处州府志》卷二十九；屠本仁：《说畲》；褚成允：《遂昌县志》卷十二，《风俗》，光绪二十二年；周杰：《景宁县志》卷十二《风土附畲民》，同治十一年；张景祁：《富安县志》卷《杂记》；魏兰：《畲客风俗》，1906年。

❸ 摘自同治《贵溪县志》卷十四，《杂类轶事》。

❹ 摘自光绪版《海阳县志·杂录》。

1.2 文化变迁视野下的古代畲族服饰演变动因

文化变迁是指文化内容的增加或减少及其所引起的文化系统结构、模式、风格的变化[12]。文化的形成和变迁是一个非常复杂的系统，气候、地理等诸多要素都能带来文化的差异。文化变迁研究是人类学、民族学关于文化研究的核心问题之一。自 19 世纪下半叶起，文化如何变化及民族文化的未来走向成为人类学家和社会学家潜心研究的课题[13]。目前民族文化变迁研究在我国方兴正艾，它对于探讨在中华民族形成与发展的历史长河中、中华民族凝聚力的形成与发展，探讨儒家文化与少数民族文化的关系；分析民族文化融合的意义、途径、过程等方面都有重要的参考价值和现实意义。

1.2.1 古代畲族服饰演变因素

关于文化变迁的动因，许多学者提出了自己的观点看法，其中比较具有代表性的有：生物因素说、地理环境说、经济基础说、工业发展说、文化传播说和心理因素说[13]。这些学说所提及的因素也同样影响着畲族服饰文化的变迁。值得强调的是，虽然在畲族发展史乃至世界各民族发展史上，文化的传播、人的心理因素、生物性、经济发展、技术进步、地理环境等都曾引起过颠覆性的民族服饰文化变迁，但是不能将以上的某个单一因素确定为民族服饰文化变迁的根本原因，也不能确定为历史上的某一次民族服饰演变的唯一原因。社会是发展变化的，各社会因素间也有着纷繁复杂的联系，文化的每一次进步都有其必然性和偶然性，更有着必然的因果关系。在具体的历史时空之下，文化变迁可能由于以上任何因素的作用而发生改变。因此，民族服饰文化的变迁往往是多种因素同时作用的结果。

1.2.1.1 生物因素——族源融合

文化变迁动因的生物因素说认为：包括文化在内的社会是一个有机体，其变迁、进化是一个生物有机过程[14]。其中的新社会达尔文主义的文化变迁理论将文化进化或变迁归结为生态环境中群落基因库的变异和基因群的分布[14]。

闽、粤、赣边地历史上存在着重叠的三个基因群，最早为土著百越族群，然后为源于五溪地区的畲瑶族群，最后为来自中原代表汉族文化的客家族群。这三种族群文化相交，必然产生互动互融关系。随着畲族逐渐迁出与世隔绝的祖居地，他们与古越蛮族、以客家人为代表的汉族的交流日益深广，关系日益紧密。其中一部分通过通婚、集结起义等方式实现了身份的迭合与转化。在不断的种族融合进程中，畲族服饰文化也相应地产生了涵化。唐宋时，畲族妇女流行"椎髻卉服"，即头饰是高髻，衣服着花边[2]。显示出畲瑶先民盘瓠蛮的典型服饰风貌。元代，畲族起义军又号"头陀军"。"头陀"即"断发文身"，是百越民族的典型服饰特色[15]。这说明宋元时期畲族起义军在与闽越土著的交流合作中，吸收了其服饰元素；或部分闽越土著直接汇入畲族，成为其中的一部分，并随之引入了相应的服饰元素。

清代《皇清职贡图》载：福建畲民"其习俗诚朴，与土著无异"，表明当时畲汉关系密切、表征趋同。据清道光《建阳县志》载，一部分畲民主动与汉人通婚，模仿汉族服饰文化习俗："嘉乐一带畲民，半染华风，欲与汉人为婚，则先为其幼女缠足，稍长，令学针黹坐闺中，不与习农事，食资亦略如华人。居室仍在僻地，然规模亦稍轩敞矣。妻或无子亦娶妾，亦购华人田产，亦时作雀角争，亦读书识字，习举子业"，畲汉界限十分模糊。时至今日，福建客家和畲民仍同梳高发髻，戴凉笠，着右衽花边衣，尚青、蓝色[16]。

事实上，很多学者认为畲族本来就是多族源民族共同体，族源"包括五溪地区迁移至此的武陵蛮、长沙蛮后裔，当地土生土长的百越种族和山都、木客等原始居民，也包括自中原、江淮迁来的汉族移民即客家先民和福佬先民"[3]。族源多元性这一文化变迁的生物因素正是畲族服饰文化变迁的初始动力。

1.2.1.2　地理因素——迁徙

自然环境不仅决定着文化的性质,也决定着文化的形式与内容。地理环境改变了,社会文化也随之变迁。

从元后期至明万历年间,畲族从祖居的赣、闽、粤边地向闽北、闽东、浙南、赣东等多处新居地大迁徙,导致了畲族服饰原料的地域性改变和分化,从而影响畲族服饰的演变。比如,浙江丽水景宁的畲族因为主要生活在山区,当地盛产苎麻,加之气候温暖,温差较小,故"皆衣麻";而福建古田的畲族,主要聚居在平坝,以种植棉花为主,故其制作服装选用的衣料以棉布为主,"妇以蓝布裹发……短衣布带"[17]。

各个迁入地的不同地缘文化也对畲族服饰的演变造成影响。如迁徙到温州地区的畲族服饰刺绣深受瓯绣的影响,而闽东畲族服饰刺绣题材很多取自于福建木偶戏及闽剧。

迁徙过程中要求服饰简便实用,而不强调其审美功能,这也是导致元末明初畲族大迁徙时期服饰装饰性削弱的原因之一。

1.2.1.3　经济因素——经济生活方式的转变

在人类历史发展中,经济基础决定着社会结构、生活方式等诸多文化要素,经济因素在文化变迁中扮演着非常重要的角色。

畲族主要散居于我国东南山区的山腰地带,从气候上看,紧靠北回归线北面,属亚热带湿润季风气候。在这样的自然环境里,畲族明清以前发展起来的生产方式是"随山散处,刀耕火种,采实猎毛,食尽一山则他徙"的游耕和狩猎并举的经济生活方式[18]。因生产活动场所主要是未开荒的深山密林,多荆棘枝挂,所以服饰品尽量精简。可见当时畲族服饰"椎髻跣足"、"不巾不履"的特征是与游耕和狩猎并举的经济生活方式相适应的。

明清以后,畲民扩散到闽中、闽东、闽北、浙南、赣东等地,结束了辗转迁徙的生活,逐渐发展起以梯田耕作和定耕旱地杂粮为核心的生计模式[18]。由于生产活动的主要场所由林区转移到田地,故具遮阳功能的"巾"、"冠"、"笠"等头饰和具采集功能的"围裙"逐渐在畲族日常生活中占据重要位置。同时,随着农耕生产的不断发展,农副产品日渐丰富,手工业也得到了相应的发展,畲族人民能够创作出"布斑斑"、"珠垒垒"的精美的头饰艺术品,必然得益于当时经济的发展和手工制造技艺的进步。

1.2.1.4　工艺发展因素——染织技术发展

自然科学知识的增长推动了人类社会文化史的发展与进化。新技术一旦出现,它自身的生命和力量就构成了文化进化的源泉。纺织服装技术的发展引导了服饰文化的演进,对畲族服饰演变影响比较深远的是以制菁为代表的畲族染色技术的发展。

畲族有谚语说:"吃咸腌,穿青蓝"。福建霞浦县新娘结婚"头蒙兰底白点的盖头,腰系黑色素面的结婚长裙,扎兰色腰带"[2]。足见畲民对黑色、蓝色的喜爱。青、黑色之所以为畲民所接受,是由畲族人民的染色技术决定的。"青出于蓝",青在古代指黑色,一般由天然染料青靛中提取。青靛也名蓝靛,古称"菁"。用于染色时,时久色重显黑,时微色淡显蓝。明万历年间,由于织机的改进,闽、浙纺织业发展很快,以致种苎和种菁的利润几倍于粮食。在种菁热的带动下,畲族拓荒者所到之地,遍种菁草,故历史亦有称畲族为"菁客"。到崇祯年间闽西南"汀之菁民,刀耕火耨,艺兰为生,编至各邑结寮而居";闽中莆仙畲民"彼汀漳流徙,插菁为活"。"菁客"所产菁靛品质极佳,其染色曾被盛誉"为天下最"[19]。畲族制菁技术的发展直接导致了明清之际其服饰色彩由"五彩"、"卉服"向"皆服青色"的转变。

1.2.1.5　文化传播因素——主流文化侵染

威廉·里弗斯在《美拉尼西亚社会史》中曾说道:"各族的联系及其文化的融合,是发动各种导致人类进步力量的主要推动力。"文化传播因素即是指外来文化传播对某文化变迁的影响和作用这一因素。反映在古代畲族服饰上，中原主流文化对畲族文化的入侵和浸染主要来自于历代统治者的政治压迫和招抚教化。

自唐代"平蛮开漳"以来，被称为"蛮"的畲族一直遭受着封建统治阶级的残酷压迫和分化瓦解。直至明末每个朝代都有朝廷派兵平畲的记载：宋代，朝廷镇压了"壬戌腊"漳州畲民起义；元代，镇压和分解抗元畲军；明代，镇压江西赣州府畲民起义，增设"营哨守把"[2]。这些残酷清剿和封建强化统治直接导致了畲族的大规模迁徙。可以想见，在长逾千年的避难历程中，畲民为了躲避杀戮，不得不隐藏自身的身份，将作为"妖氛之党"标志的"椎髻卉服"进行改易。直至明末，畲族普遍"椎髻跣足"、"不巾不履"，服饰越来越趋近简朴无华。

从宋代开始，封建统治者就对畲族采取剿抚并举的政策。其中，明代王守仁的教化心学主张收效尤其明显。如前文所引《平和县志》[9]记载，明初到清初的三百年间，平和县畲民已被当地汉人慢慢地同化，甚至"化为齐民"、"忘其所自来矣"。包括服饰文化在内的"饮食、衣服、起居、往来"各方面社会生活也被汉化，服饰特征逐渐与当地汉人相同。而这一服饰文化的转变正是"抚瑶"、"绥靖"、"羁縻"之后畲族逐渐接受汉文化的结果。

清末，畲族曾主动顺应政府服饰改易的号召。福州《华美报》己亥（清光绪二十五年）四月，刊登了福建按察使司的盐法道曾发表的《示谕》："有一种山民，纳粮考试，与百姓无异，惟装束不同，群呼为畲。山民不服，特起争端"，因此，"劝改装束与众一律，便可免此称谓"，而结果是畲民"无不踊跃乐从"[2]。这充分体现了当时位于主流的汉文化对于畲族文化强大的感召力量。

1.2.1.6　心理因素——模仿心理

19世纪末法国塔尔德（G. Tarde）曾提出，模仿是人类的主要心理，也是文化发展、变迁的主要动力。特别是当模仿受到阻碍、怀疑或反对等刺激的时候，人类会运用新的方法和手段进行模仿而达到目的，这是一个循环往复、无止境的社会文化过程，也是其变迁的动因。[12]

畲族是一个杂散居的少数民族，与作为中国主体民族文化的汉族传统文化相对而言，畲族传统文化是一种弱势文化，文化上的弱势地位使畲族形成了既自尊又自卑，对汉文化既模仿又抵御的民族文化心理[18]。《建阳县志》载，"嘉庆间有出应童子试者，畏葸特甚，惧为汉人所击，遂冒何姓，不知彼固闽中旧土著也"。可见清代部分畲民由于"惧为汉人所击"，在自卑心理的诱导下，接受汉族习俗和文化，甚至改名换姓，"不知彼固闽中旧土著"。

1.2.2　古代畲族服饰的传承因素

畲族服饰虽然在政治动荡、社会变革、经济发展、文化浸染、种族流变和宗教洗礼等一系列历史进程中一直不断地发展变化着，但是不可忽视的是，在从远古至今的漫长岁月中，畲族服饰中所体现出的文化内核却穿越千年，愈久弥新。

1.2.2.1　民族信仰因素——盘瓠崇拜

畲族传统文化以畲族的原始信仰——盘瓠图腾崇拜为核心，它也反映了畲族人民"尊宗敬祖"的人文精神。据畲族史诗《高皇歌》（也叫《盘瓠王歌》）记载，畲族始祖五色神犬盘瓠生于高辛帝皇后耳中，因平番有功金钟下变身为人后娶三公主为妻，而后定居广东转徙闽浙。畲民以"盘瓠（也作'护'）"、"狗王"之后自居，将盘瓠图腾崇拜代代传承下来。南宋刘克庄著《漳州谕畲》载，"余读诸畲款状，有自称盘护孙者"。清代古田畲妇"以兰布裹发，或带冠，状如狗头"。学者们普遍认为，畲族确是笃信盘瓠的一个民族。"好五色衣服，制裁皆有尾形"、"椎髻卉服"的服饰特征都是图腾崇拜在畲族服饰中留下的遗迹，服色鲜艳源于盘瓠"毛色五彩"，而以衣摆（裙摆）前短后长为代表的"制裁有尾形"源于对盘瓠犬型的模拟[19, 20]。可见畲族人民的服装，其意义更多地在于表达着他们对祖先的缅怀与崇仰之情。盘瓠崇拜作为畲族人民内心的民族认知心理，跨越千年仍然深刻遗留于畲族民族文化中。直至今日我们仍可在畲族服饰中发现这一文化核心的表象：畲族新娘沿袭盘瓠之妻三公主的装束，着"凤凰装"，她们用红头绳扎的头髻，象征着凤髻；在衣裳围裙上刺绣出各种彩色花边，并镶绣着金丝银线，象征凤凰的颈、腰部美丽的羽毛；那后腰随风飘动金黄色腰带，象征着凤凰的尾巴；周身悬挂着叮当作响的银器，象征着凤凰的鸣啭[20]。潮州饶平、潮安北部妇女戴"帕仔"的起源，也有一说是来源于凤凰山的畲族，"传说昔年石古坪村的始祖是狗头王，畲族妇女出门戴'帕仔'是为祖先遮羞"，后来他们同汉族关系日趋密切，畲、汉通婚，故此习俗便传播开来[21]。

1.2.2.2 民族性格因素——反抗精神

一个民族不管怎样庞大、复杂，无论它的文化如何变迁，总有它的基本文化精神及其历史个性。正是这种文化精神和历史个性赋予了一个民族文化的性格，才使他们保持了民族的独立和个性。畲族自古就是一个勇于反抗的民族。一部畲族的发展史，可以说是畲族人民反抗强权暴政的抗争史。唐代畲族英雄雷万兴、苗自成、蓝奉高为了反抗封建官府"靖边方"的政策，勇敢地与官军拼杀。元代畲族人民为了反抗元统治阶级的压迫，组成了"畲军"进行起义，其斗争的烽火几乎燃遍了所有的畲族地区，如闽南陈吊眼起义，潮州畲妇许夫人起义，闽北黄华起义以及闽、粤、赣交界处的钟明亮起义[22]。长期残酷的封建压迫激发了畲族人民内心不屈的反抗意识和民族情结，并在作为文化符号的服饰上表现出来。福建霞浦县畲族新娘"内穿白色素衣，据说这是为了纪念被唐军杀害的父母亲人而流传下来"[2]。宋元时期畲族起义军，也曾以"红巾"等鲜明的传统民族服饰风貌示人，借以彰显其共通的民族意识和反抗封建统治者的决心。

服饰作为一种媒介，反映着人们的精神状态，传达着文明潜移默化的作用。畲族服饰作为一种文化的载体，其演变既反映出畲族人民的生活环境、生产方式等自然及技术状态的演变，也折射出畲族人民内心的民族意识、宗教情结、社会观念以及审美倾向等思想状态的转变，还体现了在漫长的历史进程中，各民族之间在文化上的互相渗透、互相影响、互相吸收、互相融会，形成了中华民族的共同文化。可以说，中华文化是中国各民族文化互动互补的产物。

第二章　近现代畲族服饰文化变迁 ——以浙南为例

本章以历史文献和田野调查为依据，以浙江西南部丽水地区畲族服饰为研究对象，取其近现代演变表征为经、畲族文化生活背景和历史事件为纬，梳理近现代丽水畲族服饰文化变迁历程。将其整个历程大致分为清末时期、民国时期、新中国成立至改革开放和改革开放以来四个时期，分析不同时期畲族服饰在色彩、款式、装饰等方面所体现出的不同特色以及畲族文化生活背景对服饰发展变化的影响。

2.1　清末时期（1840 ~ 1910）

由上章可知，19 世纪中下叶丽水地区，畲族除已婚妇女头饰略具装饰意味之外，服饰风貌普遍显得粗拙简陋。男子服饰仅一件对襟长袍；女子下着及膝短裙，不穿裤子或袜子，仅赤脚。

魏兰先生（1866–1928，笔名浮云）在《畲客风俗》一书中对 19 世纪末 20 世纪初云和县畲族服饰有详尽的描述：

她们皆服青色，阔领小袖，与僧尼相似，衣不用纽扣，仅系以带子。袖宽五六寸，衣长二尺八寸许。一般都围以青裙，后来也有改裙为裤的。腰缚以花带，带宽二三寸，以赭色土丝织成。脚穿黑色布鞋，鞋头绣缀红花，并有短须数茎，这种鞋仅在走亲访友做客时穿用，平时劳动穿草鞋，在家跻木屐，即木拖鞋。木屐制作简便，只选一块有一定厚度的木片，锯成如脚大小的长方形式样，钉上带子，即可穿用，在山区颇为盛行[23]。

图 2-1　近代浙江丽水地区畲族绣花鞋❶

❶　征集于丽水云和平垟岗村，1959 年收藏于浙江省博物馆，长 22.2 厘米、宽 6.8 厘米，布质，圆头形，千层底。青黑色鞋面，分为左右两侧，在鞋头正中拼缀而成型。鞋面有深红、浅绿、黄等彩线绣红色星形（雪花或松球）纹饰。鞋头装饰红缨流苏。

魏兰先生所说的绣花鞋与图 2-1 所示的浙江博物馆藏绣花鞋恰好互为映证。从鞋的长度可证实当时的畲族妇女不缠足。

由于顺治年间"十从十不从"的易服律令，清代僧尼服沿用明朝旧制，领襟形式一般采用交领[24]，而清代服饰常用的旗袍式圆领一般从领口起沿衣襟设有一字纽——即以纽襻系扣，所以魏兰先生所述"不用纽扣，仅系以带子"的畲女服应为汉式交领衣而非旗式大襟衣，长约 90 厘米，衣下摆约过膝。如图 2-2 所示景宁博物馆藏一件清代畲族新娘装与之相吻合。

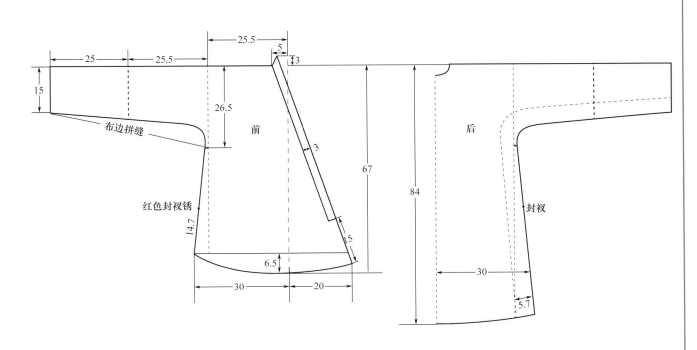

图 2-2　清代浙江丽水地区畲族女婚服及其规格（单位：厘米）

由于畲民在丽水地区分布较为零散，清末各处服饰特征极有可能存在差异，魏兰先生所述仅能代表清末时存在于云和地区的一种畲族服饰风貌，不能概而论之为整个丽水地区畲族统一的着装形式。

例如，景宁畲族博物馆藏有一件搜集于景宁县外舍的畲族清代女上装。如图2-3所示，此女服为圆领右衽大襟布制上衣，衣襟处装饰简洁的柳条花边，具有典型的景宁特色。

图2-3　清代浙江丽水地区景宁畲族自治县畲族女上装❶

如图2-4所示，浙江省博物馆藏有一幅清代畲族钟氏祖图，从中可见三代祖先所着衣裳冠履均为典型的明代服饰。图下端有一男一女两人小像，分别位于左右两侧，女着霞帔，男着官帽马褂，均为典型清代服饰。徐珂《清稗类钞·服饰类》："国初，人民相传，有生降死不降，老降少不降，男降女不降，妓降优不降之说。故生必时服，死虽古服不禁；成童以上皆时服，而幼孩古服亦无禁；男子从时服，女子犹袭明服。盖自顺治以至宣统，皆然也。"事实上，清代时孩子小时穿前明的服式，也是常见的，老人死后，以明代服饰入殓，在一些地区也成为习惯[24]。

综上所述，清末丽水畲族服饰具有以下主要特征：

（1）服装色彩：青色为主，点缀赭色、红色。

（2）服装款式：男子着对襟长袍；女子下着及膝短裙。女上装为汉式阔领小袖交领长衣与旗式右衽大襟衣两种款式并存，20世纪初开始出现改裙为裤的情况。

（3）头饰：女子盘发髻，戴竹冠，裹斑蓝花布，点缀彩色石珠（图2-5）。

---

❶　征集于景宁县外舍王金垟蓝龙花处，收藏于景宁畲族博物馆，衣长77厘米，连袖宽138厘米，近代浙江丽水地区景宁畲族自治县畲族妇女传统服饰，结婚或喜庆节日时候穿着。圆领、连袖、右衽、侧边开衩，领口及襟边镶蓝色滚边，大襟边贴镶一粗三细四道彩色布边。

图 2-4　清代三代祖先像❶

---

❶　1959 年收藏于浙江省博物馆，长 130 厘米，宽 87 厘米，钟氏祖图，描绘三代祖先像，祭祖时挂出。

图 2-5　清末畲族新郎帽❶

（4）足饰：赤足为主，偶穿红花黑布鞋，草鞋，木屐。

（5）文化变迁：时值清代部分畲民仍保持着明代汉式服饰风貌，与汉族服饰演变轨迹一致。

2.2　民国时期（1911～1949）

沈作乾在《括苍畲民调查记》（1925 年）一文中写到丽水畲民服饰："男子布衣短褐，色尚兰，质极粗厚，仅夏季穿苎而已。妇女以径寸余，长约二寸之竹筒，斜戴作菱形，裹以红布，复于头顶之前，下围以发笈出脑后之右，约三寸，端缀红色丝条，垂于耳际……衣长过膝，色或兰或青，缘则以白色或月白色为之，间亦用红色，仅未嫁或新出阁之少妇尚之。腰围兰布带，亦有丝质者。裤甚大，无裙。富者着绣履，兰布袜。贫者或草履，或竟跣足。其他耳环、指环，皆以铜质为之，受值不过铜元几枚而已。"[25]可见到民国初年，丽水畲族青年女服有白底红花的边缘装饰，裤装已成为部分地区普遍的下装款式。在其他方面，畲服基本延续了清末时的外观。勇士衡先生于 1934 年在浙江丽水地区所拍摄的珍贵照片呈现了当时畲族服饰的原

---

❶　1959 年收藏于丽水市博物馆，绸布质地面料，橘黄色粗布帽里，内以棉、纸等物填充，为清代暖官帽形。帽顶有铜质顶珠垫，顶周饰有红色璎珞，紫色帽身，黑色帽沿，帽沿下系黑绳。清末民国早期的畲族新郎帽，是仿清代红缨官帽形式。民国中后期的畲族新郎官，则是呢质政府官员礼帽形式。意思是新郎也是官。

始风貌（图 2-6 ~ 图 2-8，原图存于中央研究院历史语言研究所）。

1929 年夏天，德国学者史图博和中国学者李化民走访浙江景宁敕木山地区，撰写了民族学上研究民国畲族服饰文化的重要著作《浙江景宁县敕木山畲民调查记》（简称《调查记》）。根据其记载，畲族男人穿着普通的短上衣和裤子，常穿草鞋，戴竹篾编的斗笠，下雨时穿蓑衣，富裕的男人在过节时穿长衫。妇女们普遍穿着老式剪裁的无领上衣，领圈和袖口上镶阔边，穿宽大的过膝裙，裙子上面围一条蓝色麻布小围裙。围裙带子是用丝线和棉纱线手工制作的宽仅三厘米的彩带。妇女不裹脚，通常赤脚走路，只有在节日才穿鞋。畲族妇女头饰最明显的特色是头笄（图 2-9）。男子老人梳辫子，青年人都把头发剪短，大多数男人把脑袋前半部剃光，而把后脑勺的头发往后梳。[26]

除了服饰风貌以外，《调查记》也呈现了当时畲族服饰设计制作的状况和文化背景：

首先，畲族的服饰在工艺制作、原料取材、款式设计等各方面体现出与汉族的紧密联系，在很大程度上依赖汉族的技术和资源。如"畲族男人的衣服同周围的汉族农民完全一样"，只有富裕人家的男人在过节时才穿长衫，并且"不是由畲族妇女自己做的，而是请汉族裁缝到家里来做"；"很少见到棉布，若要使用，得向汉族商人购买"；"妇女只有在节日才穿上鞋子，这种鞋子不是她们自己做的，而是汉人为她

图 2-6　勇士衡先生于 1934 年在浙江丽水地区拍摄的照片❶

---

❶　1934 年 5 月，凌纯声、芮逸夫、勇士衡等到浙江旧处州府所属丽水、景宁、云和、遂昌、松阳、龙泉、宣平（今属武义县）等地考察畲族生活状况和社会生活。凌纯声根据此项调查写成《畲民图腾文化的研究》，探讨了畲族起源、艺术、禁忌与宗教及外婚制关系。他还与芮逸夫合作进行了畲民宗谱之研究。

图 2-7　勇士衡先生于 1934 年在浙江丽水地区拍摄的照片——蓝新荣之祖父母及二妹

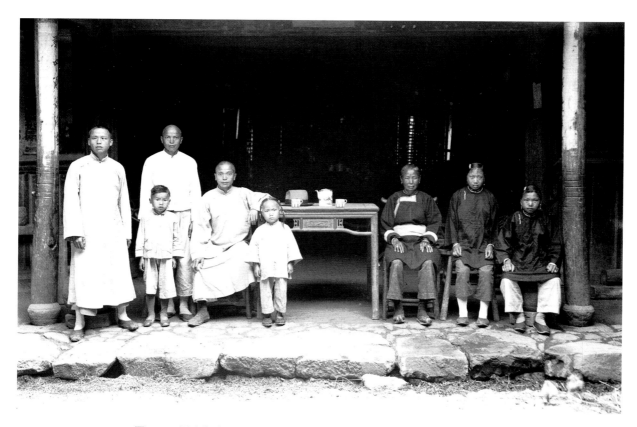

图 2-8　勇士衡先生于 1934 年在浙江丽水地区拍摄的照片——蓝成志家族

图 2-9　浙西南畲族妇女服饰

们特制的。这种鞋子的式样和汉人穿的相同"；"敕木山村的畲民自己不做这种复杂的头饰，他们请景宁县城里一个银匠做"等。

其次，畲族服饰的发展进程在各方面均落后于当时的汉族，且在发展方向上表现出对汉族服饰文化的追随。这一点在男装上表现得特别明显，代表着畲族服饰最高级别的礼服是汉族当时的日常服长衫；"男人的发型逐渐现代化了，老人还梳着辫子，中青年以及外出工作的人们，都把头发剪短了，大多数男人把脑袋前半部剃光，而把后脑勺的头发往后梳"。

再次，畲民在很大程度上恪守着自身的民族服饰传统特色，尤其是畲族妇女服饰。《调查记》中多次提到"合乎传统风格"："到处都一样，这里的妇女是保守的，她们至今还保持一些最初的服装形式，这和汉族妇女就不一样了。妇女们相当普遍地穿着老式剪裁的上衣……"；围裙彩带上的图案是由"合乎传统风格的花样组成"；"妇女裹脚的习惯从来没有传入畲民中间"；畲族的鞋与汉族不同的是"鞋口和后根接缝处都加上了红布镶边，鞋头前面有用红线做的流苏，鞋面绣着合乎传统风格的红花"；"头饰一定要按照自古流传下来的方式制作，畲民不能容忍有丝毫改变"。

最后，当时的政府试图以一种强硬的方式影响畲族服饰文化。《调查记》中提到民国政府禁止畲族妇女佩戴传统头饰。在景宁县，警察甚至把进城的畲族妇女的头饰扯下来，丢在地上，把它踩碎。史图博、李化民认为汉人同化外来民族的能力很强，而畲民也接受了大部分汉人的文明与文化。民国政府的民族政策被评价为一方面因减轻民族奴役和压迫而"值得称赞"，另一方面却因为某些"急于求成的官员"把"改革"定位在服装和风俗习惯上，损害了畲族的民族文化遗产。

20 世纪 30 年代后期，民国政府提倡新生活运动，提出"移风易俗、教民明礼知耻"的口号，但因过于脱离现实无疾而终。1937 年到 1938 年间曾任云和县县长的沈松林先生，在《一件错事》一文中检讨了自己当年愚蠢做法，并对畲族妇女表示了歉意："……我很惭愧，曾经做了一件错事，那就是强求畲族女同胞改变发式与服装——不许她们戴头饰和穿民族服装。于是她们上街时，只好取下头上的头冠、石珠等装饰品，大体上与汉人相同。可是一出城仍旧穿戴上民族服饰，恢复原来的样子。我这种'同化的偏见'使她们增加麻烦，回忆起来，深感惭愧和内疚，应该向畲族女同胞道歉。"[27]

浙江图书馆收藏的 1947 年 2 月 7 日《正报》"浙江风光"专栏中，刊登了柳意城先生《畲民生活在景宁》（1947.1.27）一文，文中记述畲民穿的是自织的麻布，女子服饰与汉人迥异。衣裳宽襟大袖，阔边绣花，长及膝盖；裤子亦绣花边，鞋子也花绿满目。"更奇特的是头部的装饰，以断竹为冠，珠绦（五色椒珠）

累累，看样子很像篆文的'并'字。这种装饰，相传为其始祖母高辛氏公主之饰云。……即在当今时代，彼等仍如原始习俗。"[28]

据《丽水文史资料》记载，作为畲族妇女最完整装束的新娘服饰在新中国成立前为："上身穿青色布衣，胸前右衣襟及领圈镶四种颜色，花样不同花边的'通盘领'花边衣，袖口亦镶有花边；下身亦穿青色裤，裤脚绣有鼠牙式数种颜色结合的花纹。鞋的鞋面全部绣有花纹，前端束有红丝线的鞋须；袜是兰色土布靴形短袜。腰束自知（织）的兰色蚕丝锦带，锦带两端有约四十公分的带须，须上有新娘本人亲自编织的精致花纹，两端带须还钉有古铜钱各八个，在走动时可听到铜钱的撞击声。戴的银器饰品有银项圈、银链、银手镯和银戒指。头部戴的是相传始祖高辛皇三公主所带凤凰冠，畲语称为'gie'（髻）。髻的构造：丽水❶是用一个小竹筒，外包本族妇女自织的特种红色丝帕；竹筒前端镶一块圆的、有花纹的特制银片；在前额顶挂有银牌三块，称'髻牌'；头顶披有一块约一寸宽的红色绒布，由前额披向脑后；还有三串白色珍珠盘绕在外。景宁畲族妇女的髻结构更复杂，每对髻要十余两白银作原料。"[29]

可见，虽然史图博等学者认为政府"在废止这种服装以及某些独特的风俗习惯方面，取得了比在社会改革上更为明显的成果"，但是通过沈松林和柳意城先生的记述可以看出，从上而下简单粗暴的政治手段对于畲族服饰的影响限于暂时性和表面化。

综上所述，民国时期丽水地区畲族服饰特征如下：

（1）服装色彩：尚青或兰，边缘以白或月白装饰，点缀红色。

（2）服装款式：男子短衣，富者着长衫（与汉人无异）；女子着无领上衣，衣长过膝，腰围布或丝带，下着阔裤或过膝裙。

（3）头饰：女子戴竹筒，裹红布，缀红丝带；男斗笠。

（4）足饰：富者着绣履、兰布袜；贫者着草履或跣足。

（5）文化变迁：其一，在工艺制作、原料取材、款式设计等各方面的发展上落后于汉族，依赖于汉族；其二，在被汉族服饰文化涵化的过程中仍恪守传统；其三，"同化政策"、"新生活运动"等政治力量会对畲族服饰造成影响，但强硬干预的效果有限。

2.3　新中国成立至改革开放（1949～1979）

新中国成立以后，确立了以民族平等、民族区域自治、各民族共同繁荣为核心的民族政策和制度，并采取了一系列政策措施以保障少数民族的平等权利。其中最重要的一个举措是1953年开始的民族识别工作。"畲"这一民族名称在1956年正式确定，这使得畲族作为一个具有独特文化的少数民族得到了承认和重视[29]。20世纪50年代到60年代在少数民族地区进行的民主改革也促进了汉族与畲族人民关系的进一步拉近，两民族间的经济、社会交流大大增多了。

同时，国家制定和采取了一系列政策和措施来增强少数民族人民作为国家主人的自豪感。除培养和使用少数民族干部外，邀请民族代表赴京参观也起到了非常积极的作用。据被邀请参观1952年国庆典礼的畲族代表蓝培星回忆，"政府给每位观礼代表定做一套呢制服，包括卫生衣、卫生裤、衬衣、短裤。农民代表又额外增加一套制服，内外共四套"[29]。观礼代表的衣锦还乡，无疑也推动了现代服饰在畲族中的发展。

---

❶ 编者按：此处应指丽水市莲都区。

1953 ～ 1958 年，国家民委、中科院民族研究所和中央民族学院等单位合作对闽、浙、赣、粤进行大规模调查，著成《畲族社会历史调查》一书，其中描述浙江省这一时期畲族的服饰为"妇女梳发髻，戴银冠穿花边衣，裹三角令旗式绑腿和穿高鼻绣花鞋。夏天则穿自织的粗麻布衣服。现在穿民族服装的很少，有些老年人还保留着"。[30]吕绍泉在《丽水畲族简介》中提到"妇女喜戴头冠，穿花边大襟衣衫，戴银项圈、银手镯、银戒指，腰束织有花纹的丝带。从 50 年代后期起，年轻妇女已不喜爱这些古老的服饰，与汉族妇女穿着基本相同。而男人解放前已与汉人穿着无异，不过色彩上偏爱兰色。"[29]。

有趣的是，赴京观礼又成为弘扬民族服饰文化的契机。钟玮琪是 1957 年浙江省少数民族"五一"赴京观礼代表团的成员之一。他在《毛主席的两次接见》一文中提到，观礼当天的清晨"三时左右，一个个代表都起床了，轻手轻足地走动着又小声地谈论着，男的整整衣服，女的梳梳头发，穿起民族服装，照照镜子……"[29]在这个最隆重的场合穿着本民族的服饰，既说明了民族服饰在少数民族人民心目中作为最高贵的礼服的地位，也说明了当时少数民族服饰和文化得到了政府层面的认可和支持。图 2-10 为中国共产党第十一、十二次全国代表大会代表蓝盛花（1953 年生，景宁人）于 1975 年 1 月出席全国第四届人民代表大会的照片，从中可见许多身着少数民族服饰的人大代表。而蓝盛花在 20 世纪 70 年代拍摄的照片中手持毛主席著作，身着畲族民族服装，流露出在当时的时代背景下她对自己民族身份发自内心的自豪感（图 2-11）。

图 2-10　全国第四届人民代表大会的留影❶

❶　图片来源：姚驰．中共十一大、十二大代表蓝盛花：畲山里走出来的"铁姑娘"［EB/OL］．丽水网 2012-11-06.16:46. http://www.lsnews.com.cn/hdzt/system/2012/11/06/010357971.shtml

图 2-11　左为蓝盛花

少数民族地区经济的发展对畲族服饰产生了巨大的影响。畲族曾经有"脱草鞋"的婚俗，源于过去畲族人民生活很苦，一年到头都穿草鞋，就是在喜庆期间送彩礼的人，也是穿着草鞋来的。所以，交罢彩礼后，主人家要请他们洗洗脚，换上布鞋，再吃点心。到了60年代，虽然还沿用脱草鞋的俗称，但草鞋早已被皮鞋、球鞋和布鞋所取代。[29]

根据 2004 年田野调查时当地老人的描述❶，从新中国成立到改革开放的这一时期，景宁畲族女子上身着右衽大襟立领青衣，下穿阔脚裤，腰系紫红与黑色相拼的拦腰（即围裙），男子着对襟衫、大脚裤。他们的服装与汉族同期服装的款式、裁制方法几乎完全一样，仅在拦腰、衣襟贴边等小细节处呈现出畲族自身服装的特色。春夏季一般穿着麻制上衣，衣长较短，衣摆及胯骨；冬天穿着棉制上衣，衣摆略过臀围。丝制衣服贴布边装饰有一定难度，所以一般没有花边，由于成本较高，家里比较殷实的人家才穿着，一般制成短装。畲族人民普遍生活水平不高，一般每人平均只有三件上衣。

景宁文管会馆藏 20 世纪 50 年代所制 700# 麻料畲女服，是 2000 年 9 月由大均村征集而来。整件衣服面料以及衬料都由麻布制成，只在滚边处用蓝色平纹棉布。裁制样板及实物照片如图 2-12 所示。从服装中也可以看出制衣的麻布幅宽在 53 厘米左右，上衣需布大约 3 米，整件衣服都由手工制成。

这种衣服从新中国成立后至 2000 年左右是景宁畲族女最普遍的日常着装，一般畲族人家都保存有类似服饰，如图 2-13 所示，20 世纪 80 年代某些畲族乡村的老人家还穿这种服装。

❶ 资料来源：
① 2004 年 3 月 3 日浙江省丽水市景宁畲族自治县大张坑 乡长雷爱兄（37 岁 畲族男）蓝秀花（58 岁 畲族女）。
② 2004 年 3 月 4 日浙江省丽水市景宁畲族自治县旱塔 雷细玉（69 岁 畲族男）。
③ 2004 年 3 月 4 日浙江省丽水市景宁畲族自治县双后泽 蓝陈契（67 岁 畲族女）。
④ 2004 年 3 月 8 日；2004 年 12 月 3 日浙江省丽水市景宁畲族自治县东弄 蓝细花（50 岁 畲族女）。

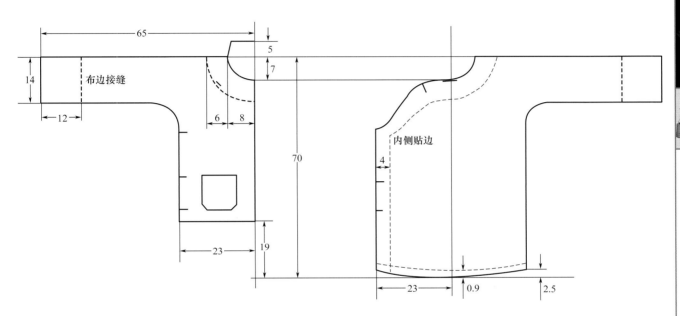

图 2-12　景宁文管会馆藏 700# 麻料畲族女服实物照片及裁制样板（单位：厘米）

图 2-13　20 世纪 80 年代畲族老人 [28]

据文管会工作人员称，新中国成立初期生产力水平低下，畲族人民生活比较贫困，服制因此简化。在稍富裕的家庭，人们还是尽量保持服装的民族性，衣饰稍呈秀丽，如图 2-14 所示，景宁文管会馆藏 313# 女上衣，衣襟上的贴布花边是十分具有代表性的景宁服饰装饰手法之一，这也是与其他地区畲服普遍用刺绣作为装饰手法截然不同的一点。

景宁文管会馆藏 703# 丝制畲族男服，如图 2-15 所示，同为 2000 年 9 月由大均村征集而来，与 700# 女服制作年代相仿。整件衣服面料以及辅料均为自织生丝布，布幅宽应在 71 厘米左右，估计此衣用布约 2.5 米。

图 2-14　景宁文管会馆藏 313# 麻料畲族女服实物照片

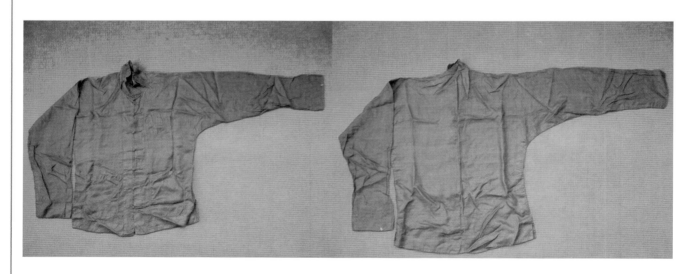

图 2-15　景宁文管会馆藏 703# 丝制畲族男服实物照片

根据当时文献记载："解放后，完整的新娘装束已是少见。中年妇女花边衣，只镶花边二至三条，衣领不镶花边，花边大都是浅兰色；老年妇女只镶一条棕黄色花边。中老年妇女头部装束如不戴髻，则把头发往后脑梳成螺旋式的发髻，中间扎红色绒线，外部套青线网罩，上部插数枝颜色不同的银簪（老年不插），这种发髻，称为'头毛把'。目前五十岁以上的妇女，还有不少保留这种装束。戴的银手镯、银戒指、耳环等饰品，老、中、青妇女之间的式样亦有区别。畲族穿的还有独特的'骑马鞋'（木屐）和单带草鞋。"[29]

从以上资料可见，畲族传统服装在解放后衣长趋短、款式趋简；在发饰等装饰上，虽然穿戴频率减少，但款式基本不变。可见与畲族古代服饰一脉相承演变而来的近代畲服仍然趋从于主流汉族服饰的轨迹，继续保持与汉族服装"慢半拍"的节奏。但需注意的是畲族传统服饰逐渐淡出畲族人民的日常生活，仅仅存在于特殊场合，成为一种代表民族身份、抒发民族情感的特别符号。与此同时，畲族人民的日常穿着与汉族常服逐步并轨，最终基本不再有差别。

综上所述，从新中国成立至改革开放以前畲族传统服饰特征如下：

（1）服装色彩：紫红与黑色拼色围裙，青衣，浅蓝色花边或彩色贴布花边装饰，老年女服镶棕黄色花边，男服色彩偏爱蓝色。

（2）服装款式：男子对襟衫、大脚裤，与汉人穿着无异；女子春夏着及胯麻上衣，冬季着及臀棉上衣。

（3）头饰：梳发髻，插银簪；中年妇女则把头发梳向脑后梳成螺旋式的发髻，中间扎红色绒线，外部套青线网罩，上部插数枝颜色不同的银簪；老年妇女的发髻上不插簪。

（4）足饰：木屐和单带草鞋；裹三角令旗式绑腿，穿高鼻绣花鞋；草鞋被皮鞋、球鞋和布鞋所取代。

（5）文化变迁：其一，畲族传统服装在新中国成立后衣长趋短、款式趋简，但在发饰等装饰上，虽然穿戴频率减少，款式基本不变。传统畲服在趋从于主流汉族服饰的同时，逐渐淡出畲族人民的日常生活，传统服饰仅部分老人或在特殊场合穿着。其二，20世纪50年代后期起，以年轻妇女为代表，畲族人民的日常穿着与汉族常服逐步并轨。其三，政治上的肯定、文化上的尊重在服饰文化汉化上有积极作用。其四，生活水平的提高对畲族服饰的发展变化产生推动作用。

2.4 改革开放以来（1980 ~ 2012）

据笔者2004年田野调查中记载，只有60岁以上的老年妇女才穿着前面所述右衽大襟短衫和拦腰（图2-16），但不戴头饰，因头饰一般传给了儿媳。民国和新中国成立初期畲服的制作过程通常是自种棉麻，自家织布机织造的面料，向挑货郎购得服饰辅料，请裁缝上门裁剪缝制，最后成衣染色。近三十年景宁畲族几乎没有畲民自家纺纱织布缝制衣服。虽然基本上每户畲民家里都还存有自用的织机，但现在一般都拆卸后束之高阁，只有少量人家将之摆于室内，但仅供游客参观，自己织布作衣的情况十分少见。据大张坑及东弄村里的老人说，三十多年前若家里还有劳动能力的老妇人不用务农，她们还会在家里纺纱织布。现今的畲服大多是从县城市场购买，从服饰的原材料供应渠道到染织制作方式截然不同。

中南民族大学民族学与社会学学院何孝辉同浙江工业大学王真慧博士于2012年7月14日至19日到浙江景宁畲族自治县进行了畲族文化调查（以下简称《调查》），调查内容显示：

当今畲族妇女的服饰和头饰都是到市场上去购买，一套服饰和头饰加在一起价格在几百元到上千元之间。在敕木山村我们了解到，村里仅有一二十个妇女有民族传统服饰，民族服装和头饰都是她们近几年才从县城买来的，一套服装要四五百元，头饰要看银饰重量和工艺，价格在几百元到上千元之间。在日常生活中妇女们都不穿着民族服装，只有到参加节目表演时或是村里来客人需要展现民族特色时，她们才会穿着民族服装、戴头饰，当问她们民族服饰美不美？为什么平常不穿着时，她们回答，民族服饰是漂亮的，但现在穿起来做事活动不方便，同时民族服饰价格普遍都比现在平常穿着的服饰要贵，如果常穿坏了也很

图 2-16　2004 年田野调查所摄畲族妇女服饰

可惜。

　　经济技术的发展使工业化批量生产的服饰以价格优势在畲族日常生活中取代了农村自给自足的手工服饰制品。从表面上看，似乎随着人们经济生活水平的提高，民族文化特征相应弱化。这一点不止在经济发展的纵向比较上显现出来，在横向贫富比较中也有体现。对比民国时期贫富家庭的穿着可见，如图 2-6 和图 2-8 所示，在相对穷苦的人家，即使装饰有刺绣的畲族盛装常年穿着之后残破不堪，他们仍普遍穿着"花边衫"；而在相对富裕的人家，反而日常服饰多为当时的汉族服饰。究其原因，在婚礼等民俗活动中，畲族人借助民族传统服饰彰显民族身份、传承民族文化；在日常生活中，服饰并不需要突出其民族意义，而以实用性为主要功能。未必是穷人更恪守传统文化，而是由于买不起其他服饰，故终身穿着结婚时置办的畲族盛装。时值当代，工业化大生产使大量廉价服饰涌入市场，迅速替代传统服饰成为了畲民以舒适、方便、价廉为首要要求的日常服。但是这并不表明经济的发展一定带来民族文化的退后。何孝辉的调查也提及，随着农村社会经济发展，在敕木山村出现妇女歌舞队，畲族中年妇女主动学习和传承畲族传统文化，购买民族传统服饰穿着等，这又体现了社会经济发展为畲族传统文化变迁与传承发展提供了良好的社会物质保障。相比没有选择的不得已而为之，可以自由选择的情况下对民族服饰的主动青睐更能反映畲民内心的民族情感和民族自信。

对民族文化产生实质性冲击的是全球化浪潮之下人们生活方式和思想观念的转变。据《调查》所述，现在人们在吃穿住行等方面的社会生活习俗都在发生变化，村里年轻人受教育水平提高、村里交通条件改善和现代传媒信息传播的影响等，人们思想观念和生活方式都在渐渐改变，年轻人不愿意学或是没有时间来学习传统文化，人们更愿意选择现代城市人的生活方式⋯⋯。

以畲族具有代表性的传统手工艺服饰品彩带为例。畲家彩带不仅有围系畲家"拦腰"（围裙）的服用功能，也是青年男女传情达意的信物，更凝聚着"三公主"的动人传说，在畲族传统服饰文化中占有重要位置。但如今在景宁，传统彩带编织工艺面临着传承危机，敕木山村和大张坑村基本没有人会编织彩带，东弄村也仅有三四十个人会编织彩带，但她们大多平时都不再编织。东弄村畲族彩带工艺传承人蓝延兰说，编织一条彩带最少要三四天时间，而现在一个人在外打工，一天工钱就能买上三四条机器编织的彩带。由于手工编织彩带太耗时又不经济，所以人们都不愿意再编织[31]。

在特定的时期，彩带等服饰品充当着畲族人民文化生活的重要载体，在如今畲族传统文化生存的社会文化空间不断缩减的情况下，脱离了原文化生态土壤的畲族服饰，不止其中凝聚的原料、工艺等文化特色在逐渐淘尽，其传达爱情等基于畲族传统民俗的社会功能也逐渐被抽离。

与此同时，其外观形象、审美情趣、装饰手法和民间传说等视觉图像和心理表征离析下来，演变成用来彰显民族身份的文化符号。突出表现在两方面，一方面是为弘扬民族文化而举办的各类活动，以畲族文化节、服饰大赛为代表；另一方面是以推动经济为主要目的的旅游业民俗表演。

从20世纪80年代起，在福建、浙江等畲族聚居区陆续举办了一系列畲族服饰大赛，近年在景宁举办的"三月三畲族服饰大赛"、"中华畲族服饰风格设计大赛"、"中国（浙江）畲族服饰设计大赛"都具有很大影响力。特别是2012年中国（浙江）畲族服饰设计大赛共收到来自全国各地如福建、广东、江苏、黑龙江、湖北、浙江等近10个省的服饰设计院校师生及专业设计师的1200多组参赛作品。从不同的视角对畲族服饰进行了解读、重构和创新。如图2-17所示，很难说这些作品是融合了当代时尚气息的新畲服，

图2-17　2012中国（浙江）畲族服饰设计大赛获奖作品

还是从畲族服饰激发灵感而设计出的当代时装，但这无疑是民族传统服饰文化信息或元素符号和现代服饰设计与开发相结合、通过现代艺术文化和机器工艺来传承民族传统文化的有益尝试，在追求美、经济实用、穿着方便和现代时尚的统一。

畲服在当代的另一个舞台是由旅游业搭建的。在这里，它被作为商业和娱乐产品而重新包装。文化资源被商品化了，它不再只是一种人文涵养，而成为一种需要迎合市场的消费品。如图 2-18 所示，在民俗风情旅游的表演中，新娘不是穿传统蓝色衣裳，而是穿红色缎面旗袍，非常类似汉族新娘的装扮。畲族服饰迎合着游客们心目中的"民族"服饰形象，变得鲜艳多彩，而这个形象并不是来自于畲族传统文化，却往往是大众媒体所塑造出的一种对"民族"形象的通感。可以说，这种改变是一定意义上的"与时俱进"，符合市场经济的大环境，同时也在一定程度上为民族服饰文化的生存和发展争取了空间。但笔者认为应注意遵循畲族服饰原有的文化内涵以及畲民的审美心理，避免损伤畲族服饰中长期积淀下来的内在价值。

图 2-18　景宁民俗风情旅游中的婚俗表演场景

纵观畲族服饰 170 年来的发展变迁，尾随主流服饰变迁轨迹的同时珍视自身文化身份，从强权之下犹守旧制、清贫之下安着华服，到在政治肯定和文化尊重中逐步涵化，最后在文化全球化中发展出多元化格局。这一过程反映了畲族人民经济水平、文化程度、政治地位等各方面的提升，也透露出文化全球化冲击之下保持自身文化根基的隐忧。传承畲族服饰文化的关键不是保留服饰本身，而是珍视畲族人民倾注其上的热爱和智慧。要弘扬民族服饰文化，不能仅靠行政力量，也不能单凭经济扶持，而需要发自内心的尊重和平等的交流。

2

第二部分　畲族服饰传承现状

第三章 现代浙南畲族服饰工艺

作为唯一一个畲族自治县，浙江省丽水市景宁县畲族在各方面文化表征上具有比较强的代表性，传承也相对比较完整。本章以景宁畲族田野调查资料为依据，对畲族传统染织及制衣工艺进行梳理。

3.1 染织工艺

3.1.1 纤维种植及纱线加工

3.1.1.1 麻

据史料记载，浙江畲族"无寒暑，皆衣麻"。畲民在新中国成立前一般都穿用自制平纹麻布衣裤，在染织制衣方面有悠久的历史，并流传下来一整套成熟的纺织工艺和设备。作者在景宁乡间走访了解到的情况证实了这一点。

麻作物生命力极其顽强，一年可收割三季，以后每年只要施一次肥就可继续生长，毋需再种。

畲民于正月将麻根压入土中，撒上一层厩肥，在二月间麻苗即开始发芽（图3-1），在五月间、七月间及十月间可分别收割一次。

麻收割后需先将麻秆表面的外皮剥下，再于水中浸泡半天。麻泡好以后捞出，用半圆型刮刀和一小竹管握于右手，麻束夹于其间，左手拉动刮去胶质表皮，如图3-2所示。剩下的麻纤维束晒干备用。此时分离出来的麻呈长条皮状，还需用如图3-3所示方法手工劈麻，将麻破为细长的纤维束以便纺织。由于麻纤维较为硬挺，在纺纱时需要一边蘸水使其软化一边接纱头，接麻的方法如图3-4所示。接麻工作一般都由畲族妇女在晚间完成。畲家女子出嫁时都有一只精编的线篓作为嫁妆。接好的麻纱按顺序放于线篓中备用。

此时得到的麻纱还只是初步成型，需再经过加捻机（图3-5）加捻，使之紧实。在这个过程中，同样要保持麻纱的湿润。加捻机上共有五个转轴，可同时加捻和络制五个筒装纱球。一般来说，从这个步骤开始，纺织操作都是

图3-1 麻苗

图 3-2　刮麻

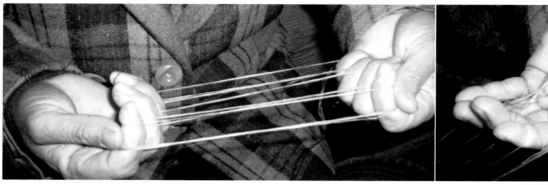

图 3-3　劈麻

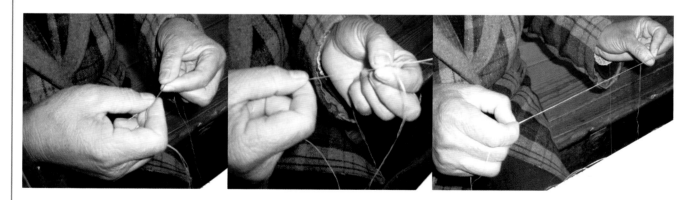

图 3-4　接麻

图 3-5　加捻机

以五个线圈为单位来进行的。

　　纱线经加捻使之紧实后，还需晒干防霉。由于线球不易晒透，这时就需要用十字形木架轮（图 3-6）将麻纱络成周长约为 80 ～ 90 厘米的线圈，于大晴天置于院落中曝晒。完全晒干后，若要储存待用，一般再将线圈络成筒装纱球。若麻线已经收集到 3 ～ 4 斤，便可以开始织布，此时可直接使用晒好的绞纱。制好的麻纱可以直接作为缝纫线使用。

图 3-6　十字形木架轮

3.1.1.2　棉

　　棉（图 3-7）在景宁畲民纺纱织布中的应用也较为广泛，其纺织的程序与纺麻略有不同。棉花经摘取、去籽以后，须经过以一枚铜线和一根带钩的竹筷制成的小纺锤捻成棉纱，纺线方法如图 3-8 所示。

图 3-7　棉（左：去籽前；右：去籽后）

图 3-8　纺锤及棉纺方法

　　由于棉纤维较短，单纱不够牢固，若要用于缝纫，一般还需要将两股棉纱并为棉线；若供织布用，则需将棉纱用米汤上浆，用以增加它的牢度、紧度以及光滑度。棉纱上浆后，与麻一样在十字形木架轮上络成大卷置于院中晒干。接下来或储藏或织造皆与麻同。

3.1.1.3 丝

在乡间访谈中，有些老人（蓝陈契，女，67岁）还提到蚕丝的缫制：将蚕茧置于一直径为30～40厘米的小锅内煮沸，用卷轴（图3-9）均匀将蚕丝拉出，卷在中间滚轴上。滚轴可装卸。待蚕丝全部抽尽，再络至前述十字形木架轮机上成绞、晾干。其他纺织操作与麻、棉相同。

若要用丝线作织花腰带的经线，需将两根单纱丝并作一根股线使用。

纺好的麻、棉、丝线如图3-10所示。

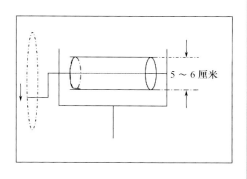

图3-9　缫丝卷轴

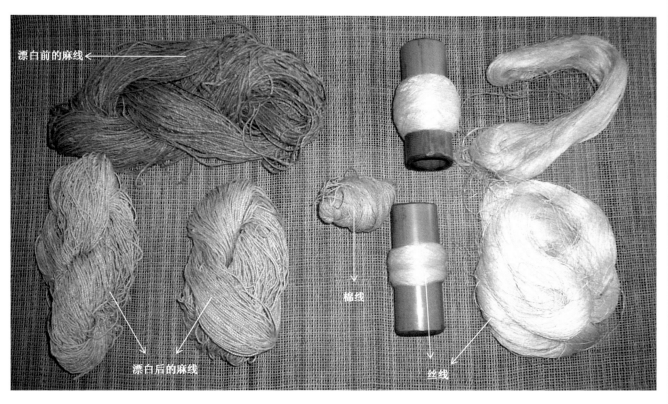

图3-10　纺好的麻、棉、丝线

3.1.2　准备及织造

用作纬线的纱线需在络机（图3-11）上络成纺锤状纬梭，再放入梭船中后即可用于投纬，纬梭及梭船如图3-12所示。

若作经线使用，则绕至牵经用竹篓（图3-13）上。畲民在房屋中堂牵经，一般一次需用六个以上竹篓的经线同时牵经，且所用竹篓总数必须为偶数。

牵经前先将绕好经线的竹篓一字排开，竹篓上方挂一根穿有八至十个孔的篾条，每一竹篓对应一个孔，畲族称这根篾条为穿眼，如图3-14所示。牵经时将竹篓上的经线分别穿过篾条上的孔洞，再以"8"字形绕法盘绕在立于中堂两边的两根竹竿上。牵经步骤完成后需用米汤刷一遍经线，使之光滑不起毛。晒干后再将两竿之间的经线以竹竿为轴卷绕起来作为经轴，如图3-15所示。

图 3-11 络机

图 3-12 纬梭和梭船　　　　图 3-13 牵经用竹篓　　　　图 3-15 经轴

图 3-14 穿眼

　　畲民家用织机如图 3-16 所示，一般仅用于织平纹织物，筘穿入为 2，机上布幅约为 60 厘米，成品布幅在 55 厘米左右，一般整匹布长逾 20 米。织布一般在八九月间进行，因为若再推迟，天冷麻线发硬不利于织造；若要提前，用于织布的麻线还未纺成。织造方法和布面效果如图 3-17 和图 3-18 所示。最开始的

图 3-16 织机

两梭通常以麦秆作为纬线插入，用以增大摩擦使布头紧密。

不织布时，将筘板提起，挂于提综杆上（图3-19），以免把经线刮花。

据当地村民介绍❶，在新中国成立前后景宁地区的乡村各村都备有几部织布机，几家合用一部织布机，轮流各自织，或请能手代织。人们所穿衣服的用布基本上都是自己织造的。在工业大生产的冲击下，现很难再在畲乡发现穿着畲族传统自制麻料衣服的妇女，据称在十年以前就很少有畲民纺纱织布了。

❶ 资料来源：

① 浙江省丽水市景宁畲族自治县文物管理委员会，雷光正（35岁 畲族 男），王景生（52岁 汉族 男），樊力中（43岁 汉族 男），夏玉梅（42岁 汉族 女）等同志。
资料收集时间：2004年2月16日～3月9日；2004年11月29日～12月5日。

② 浙江省丽水市景宁畲族自治县三枝树，蓝延兰女士（35岁 畲族）。
资料收集时间：2004年2月28日；2004年3月7日～3月9日；2004年12月3日。

③ 浙江省丽水市景宁畲族自治县大张坑，乡长雷爱兄先生（37岁 畲族），蓝秀花女士（58岁 畲族）。
资料收集时间：2004年3月3日。

④ 浙江省丽水市景宁畲族自治县双后洋，蓝陈契女士（67岁 畲族）。
资料收集时间：2004年3月4日。

⑤ 浙江省丽水市景宁畲族自治县东弄，蓝细花女士（50岁 畲族）。
资料收集时间：2004年3月8日；2004年12月3日。

图 3-17　布头及布面

图 3-19　筘板挂于提综杆

图 3-18　投梭及打纬

3.1.3　染整

目前景宁地区的畲族服饰色彩或青或蓝，宗教服饰也是以青色为尊。畲族有谚语云："吃咸腌，穿青蓝"[32]。青、黑色之所以一直为畲民所接受，首先是由畲族人民的生产条件决定的。青、黑色可以用天然染料青靛染成。青靛也名蓝靛，古称"菁"。畲民自明代开始在山上搭棚种青靛，崇祯年间闽西南"汀之菁民，刀耕火耨，艺兰为生，编至各邑结寮而居"；闽中莆仙畲民"彼汀漳流徙，插菁为活"[33]。一直到后来迁徙至浙南时还有畲民种植青靛，故历史亦有称畲族为"菁客"。其次，畲民长期居住在山清水秀的丘陵地区，审美情趣因而趋于清爽简洁。此外，黑色既耐脏又利于隐蔽，对于农耕狩猎并举的畲族人民来说是最实用的选择。

如今畲民自己染色的情况已十分罕见。据调查❶，包括蓝靛在内，以前畲族使用的传统染料一般为植物染料，食用染料有时也用于衣服染色。如图3-20所示的"黄籽"，现在畲民还用它来染"黄果"（当地一种表皮染黄的年糕）。据当地畲民介绍，黄籽以前也用于染衣裤或染织带线；景宁随处可见的毛竹，烧成灰后也可用来染黄色；枸杞可用来染红色；皂栎可用来染黑色。

据当地村民及文管会同志介绍，近代畲民自纺自织的布匹通常在织好之后整匹送染坊染色。我们经常可在衣服缝头布边处看到如图

图3-20 黄籽

---

❶ 资料来源参考：
① 浙江省丽水市景宁畲族自治县三枝树 蓝延兰（35岁畲族女）。
资料收集时间：2004年2月28日；2004年3月7日~9日；2004年12月3日。
② 浙江省丽水市景宁畲族自治县东弄 蓝细花（50岁畲族女）。
资料收集时间：2004年3月8日；2004年12月3日。
③ 浙江省杭州市桐庐县莪山畲族乡 张荷香（71岁汉族女）。
资料收集时间：2004年5月20日。

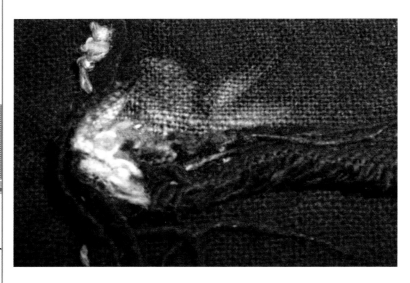

图 3-21　扎染痕迹

3-21 所示扎染的痕迹，这正是布匹送染坊时需扎上写有姓名的小布条而留下的。

近代，织彩带所需的各种染料都为"担俏客"（挑货郎）供应，串家入户的流动商贩常备各种染料由妇女挑选。

3.2　盛装工艺

从当地畲民的介绍和对畲族传统服饰及文献的整理中，可以推断畲族纯手工制衣的历史一直持续到 20 世纪 50 ～ 60 年代，此后缝纫机才慢慢普及。而且手缝所用缝衣线一般也为自制，由于纤维本身强度的原因，麻缝纫线通常用单纱，棉缝纫线通常用股线。多数畲族人家请缝衣匠制衣。缝衣匠常备的工具为一把剪刀、一把尺、一块用作熨斗的三角烫铁及几枚针。制衣时一般在中堂边摆上一张铺有草席的桌子，旁边备置一个加热烫铁用的炭火钵即可。这说明自给自足的小农经济在新中国成立前和新中国成立初期一直是景宁畲族地区的主要经济形式。

畲族自明清在浙江南部定居下来后，逐渐形成了与其他地区畲族既一脉相承又有自己特色的染织服饰。由于人口分布、生产方式、居住环境等原因，浙江畲族不同地方的染织服饰又有异同。浙江畲族近代不同地区的染织服饰皆以女子盛装为特色，凤冠、花边衫、织锦拦腰是女子盛装的重要组成部分（图 3-22）。

景宁式

云和式

平阳式

图 3-22　浙江畲族盛装

3.2.1 凤冠

凤冠为畲族服饰以及民族认同的主要标志之一，畲语称其为"gie"（髻），一般在畲族妇女结婚、节日、做客时穿戴，相传为高辛帝送给三公主作为永远吉祥的护身物，是具有纪念始祖意义的原始装饰。

浙江畲族近代女子头饰仍保留了其先民的"椎髻"、"戴竹冠"、"垂璎"等特色，具有基本相同的形式，如其主体皆为竹制筒状，并裹以红布，两侧挂有链珠，但由于地区的不同，其构造和复杂程度也有差异，图3-23、图3-24分别为浙江景宁和云和两地的凤冠，其中以景宁凤冠的构造最为精致和复杂，本小节以景宁凤冠为例进行研究❶。

3.2.1.1 凤冠形制

景宁凤冠形制严格保持传统手工技艺，如《浙江景宁敕木山畲民调查记》一书载银匠说："头饰一定要按照自古流传下来的方式制作，畲民不能容忍丝毫改变。"通过笔者田野调查也证实，从景宁不同乡镇所调查、考证到的六个凤冠形制大致相同❷，与《浙江景宁敕木山畲民调查记》一书中关于形制的记载相同。

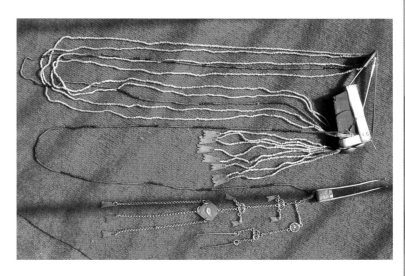

图3-23 景宁凤冠

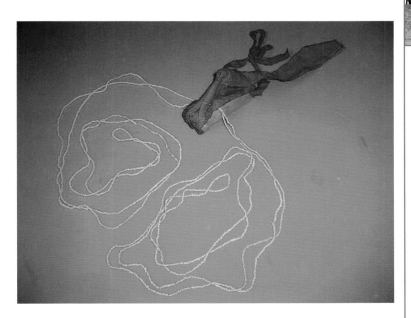

图3-24 云和凤冠

❶ 资料来源：
① 浙江省丽水市景宁畲族自治县文物管理委员会 雷光正（35岁 畲族 男）王景生（52岁 汉族 男）樊力中（43岁 汉族 男）等同志。
资料收集时间：2004年2月16日～3月9日；2004年11月29日～12月5日；2005年3月7日～3月10日。
② 浙江省丽水市云和县 务溪畲族乡 坪垟岗村 畲族民族研究会副主席 蓝观海（畲族 男）。
资料收集时间：2005年3月13日；2005年4月27日。
❷ 资料来源参见❶及：
① 浙江省丽水市景宁畲族自治县 敕木山村 雷细花（约60岁 畲族 女）。
资料收集时间：2005年3月9日。
② 浙江省丽水市景宁畲族自治县 郑坑乡。
资料收集时间：2005年3月11日。
③ 浙江省丽水市云和县 务溪畲族乡 坪垟岗村 畲族民族研究会副主席 蓝观海先生（畲族）。
资料收集时间：2005年3月13日；2005年4月27日。

景宁凤冠构成如图 3-25 所示。其中，1 为凤冠主体，由两块长约 9 厘米的菱形竹片架成的棱柱体支架，横放，高约为 5 厘米，支架再罩以黑色棉布，其前面（2）和两侧靠前（1-a）镶有薄银片，银片上有简单几何形的浮雕图案，再在支架顶部覆上红色棉布，两侧红棉布上也分别镶有长 10.5 厘米、宽 2.1 厘米的薄银片（1-b），银片上均雕有一对拱手小人，造型简洁、质朴。四根长约 12 厘米的银制棍状并排，末端与马蹄形银金（3）相连，以向上往后趋方向安在主体支架末端，靠一根竹制或银制棒连接马蹄形银金顶部

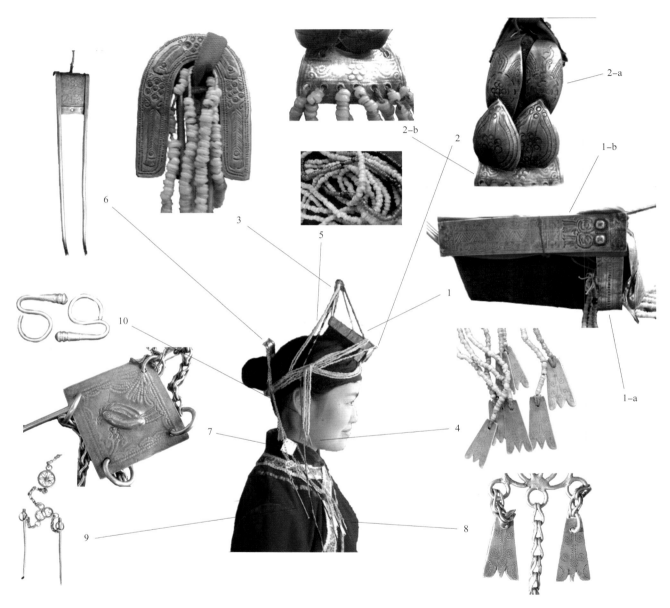

图 3-25　景宁凤冠构成

1-a—头面　1-b—钳栏　2-a—钳搭　2-b—奇喜牌　3—银金　4—大奇喜　5—瓷珠

6—头抓　7—方牌　8—奇喜载　9—牙签与耳抓　10—耳银

与主体支架加以固定，用红布条拴住马蹄形银金顶部与棒并连接到支架前顶端。主体支架前面挂有 8 串长约 20 厘米，末端皆连有小银片的白色瓷珠（4），似帘状，两侧分别有三串长约 1 米的瓷珠，用于箍紧凤冠，其中一串瓷珠为红、黑色相间（5），连接后面的银制马蹄形银金和前侧主体支架，呈圆弧形悬于两侧，

其中右侧那串红、黑色相间的瓷珠末端还连有头抓（6）、方牌（7）、奇喜载（8）、牙签与耳抓（9）等银制品，方牌上雕有图案一只鸟状，与凤冠配搭还有一对耳银（10）。❶

3.2.1.2 凤冠穿戴

凤冠的穿戴过程见如图3-26所示，可分为八个步骤，（1）先将头发盘于脑后，打成发髻，用长条黑色绉纱裹在发脚四周，用以固定凤冠；（2）凤冠支架置于头额靠上处；（3）将悬于两侧的瓷珠串扭绞；（4）扭绞的瓷珠串顺着绉纱绕到脑后交会，再将交会的瓷珠串扭绞；（5）将瓷珠串整理成圈状，套过发髻；（6）把瓷珠串固定在支架前端钉钉处；（7）再将前端垂面的8股珠串等分，分别穿过两侧绉纱悬垂于耳旁；（8）最后把头抓插于发髻，与头抓相连的方牌、奇喜载、牙签与耳抓等银制品从脑后放于前胸处。凤冠穿戴过程完成（图3-27）❷。

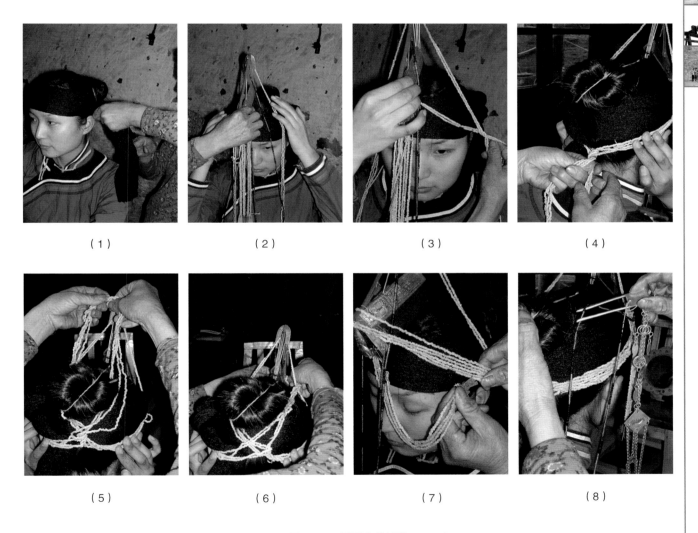

（1）　　　　　（2）　　　　　（3）　　　　　（4）

（5）　　　　　（6）　　　　　（7）　　　　　（8）

图3-26　凤冠穿戴过程

---

❶　资料来源见41页❶。
❷　资料来源：浙江省丽水市景宁畲族自治县 刺木山村 雷细花（约60岁 畲族女）
资料收集时间：2005年3月9日。

图 3-27　凤冠穿戴完成

3.2.2　花边衫

　　浙江畲族近代女子花边衫同凤冠一样，一般在畲族妇女结婚、节日、做客时与凤冠、拦腰（围裙）配套穿戴，保留了畲族先民的"好五色"、"卉服"、"尚青"等特色。其基本款式皆为大襟右衽窄身，颜色多为黑色，也有蓝黑色，材料以自种苎麻为多，在衣襟处皆有装饰，以上特征依地区不同而又略有差异，

图 3-28　景宁花边衫

图 3-29　丽水老竹花边衫

图 3-30　平阳双溪花边衫

图 3-28 为浙江景宁郑坑花边衫，图 3-29 为丽水老竹花边衫，图 3-30 为平阳双溪畲族女子花边衫。

3.2.2.1　花边衫形制

浙江畲族近代女子花边衫使用的面料多为自种苎麻纺纱织成，通常由畲民手工将麻条（图 3-31）剖成麻丝后加捻成麻纱（图 3-32），一般为中捻，纤度不匀，线密度较大，为 100 ~ 67tex（10 ~ 15 公支）。然后将麻纱在自家织机上织成布匹（图 3-33），面料门幅为 55 厘米左右，平纹组织，经纬密度较为稀疏（经线密度一般为 14 根／厘米、纬线密度一般为 10～12 根／厘米），菁靛染色，颜色多为黑色或深蓝黑色，材质风格粗犷、硬实，色彩暗淡，稍透（图 3-34）**❶**。

　　花边衫采用平面结构，款式皆为立领大襟右衽窄身，整件衣服由 5 片衣片拼缝构成，依地区不同其造型有差异。图 3-35 为丽水老竹花边衫的裁制样板图，与景宁和平阳的花边衫相比较，丽水花边衫为低领，领高约 1.6 厘米，景宁和平阳花边衫的领高比丽水花边衫要高，为 4～5 厘米；景宁花边衫的前裾比后裾短约 10 厘米，和平阳花边衫一样，两侧腰线较垂直，不如丽水的花边衫腰线上翘。另外平阳花边衫比景

图 3-31　麻条

图 3-32　麻纱

图 3-33　织造

❶　资料来源见 41 页**❶**。

46　第二部分　畲族服饰传承现状

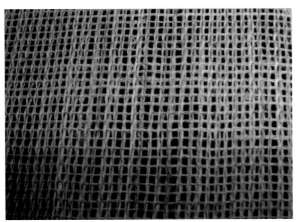
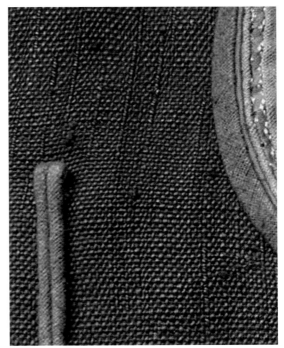

图 3-34　面料材质

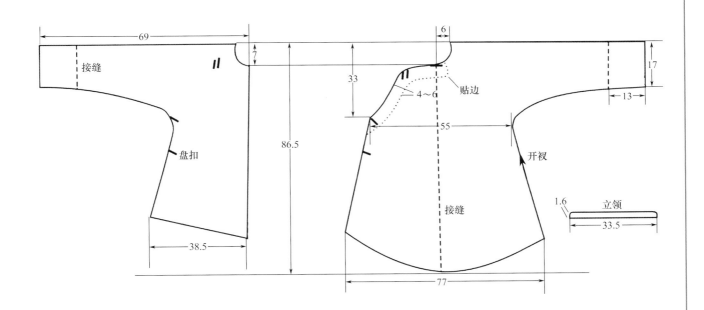

图 3-35　丽水老竹花边衫裁制制板图（单位：厘米）

宁和丽水的花边衫要长，且其衣襟造型也有差别，襟角略靠下，形状较尖锐。

在装饰上，三款花边衫皆在衣襟处有花边。景宁的花边衫为贴彩色棉布条（图 3-36），云和的花边衫为贴丝质提花花边（图 3-37），平阳的花边衫襟边则为刺绣，且在领口处缀有两朵红色绒球（图 3-38）。可以看出，景宁与丽水的花边衫的花边装饰及其工艺较简单，而平阳的花边衫刺绣花边装饰则较为丰富，纹样形式有单独纹样、角隅纹样、连续纹样和适合纹样等，题材包括几何纹（犬牙纹、雷纹、回纹、波形

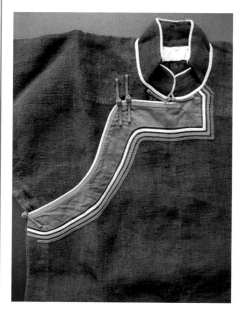

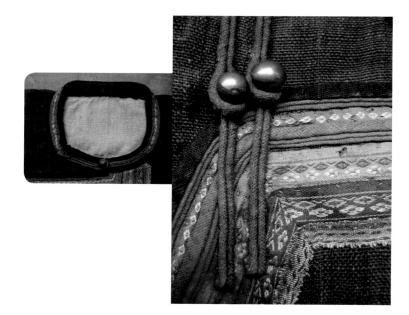

图 3-36　景宁花边衫　　　　　　　　　　　　　　图 3-37　云和花边衫

纹、锁链纹、菱形纹等）、植物纹（卷草纹、花卉纹、树纹等）、动物纹（凤凰纹、鹿纹、狮子纹、麒麟纹等）、器物纹（八吉纹、八宝纹等）、人物纹等，用色多为原色类，色彩绚丽夺目，图案造型拙朴、率真（图 3-38）❶。

图 3-38　平阳花边衫

❶　资料来源：

① 浙江省丽水市景宁畲族自治县文物管理委员会 雷光正（35 岁 畲族 男）王景生（52 岁 汉族 男）樊力中（43 岁 汉族 男）等同志。

资料收集时间：2004 年 2 月 16 日~3 月 9 日；2004 年 11 月 29 日~12 月 5 日；2005 年 3 月 7 日~3 月 10 日。

② 浙江省温州市平阳县 双溪乡。

资料收集时间：2004 年 6 月 20 日。

③ 浙江省温州市平阳县青街畲族乡 畲族民俗博物馆。

资料收集时间：2004 年 5 月 2 日；2004 年 12 月 9 日。

3.2.2.2　花边衫缝制工艺

浙江畲族近代花边衫皆为手工制作，将两股麻纱捻成中捻麻线作缝纫线，在领口和袖口里侧用棉布作贴边。制衣缝制工艺主要为：滚边、嵌条、镶边、荡条、刺绣和盘扣❶。

滚边：是指用一条斜裁布料将衣片毛边包光（图3-39），主要用于衣襟边和领口处，防止毛边漏纱，采用与衣身面料不同的布料滚边具有装饰作用。

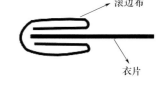

嵌条：是指在部件的边缘或拼接缝处嵌上一条带状的斜裁嵌条布如图3-40（1）所示，主要用于领座；还可与滚边相结合，将一条或多条斜裁嵌条夹在滚边布条和衣片之间，形成层叠状，如图3-40（2）所示，具有立体感，是景宁和丽水花边衫衣襟边的主要装饰手法。

镶边：是指用颜色或质地不同的斜裁面料，镶缝在衣片的边缘（图3-41）。主要用于景宁和丽水花边衫的衣襟边，起主要装饰作用（参见图3-36、图3-37）。

荡条：是指用一种与衣片颜色不同的面料，缝贴在距衣片边缘不远处，不紧靠衣片止口（图3-42）。主要用于景宁花边衫和云和花边衫，其中景宁花边衫的荡条用料为斜裁，云和花边衫则为提花花边。

图 3-39　滚边

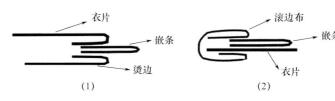

图 3-40　嵌条

刺绣：是指在服装表面以线迹展示各种花纹图案，既有艺术欣赏价值，又有实用价值。浙江畲族近现代花边衫刺绣工艺主要在平阳花边衫上得以体现，其刺绣图案在上一节中已有介绍，其图案靠刺绣针法和运针构成，运用的刺绣针法主要有：行针、斜行针、犬牙针、十字针、平针、锁链针、钉金绣、锁边绣等，如图3-43所示。

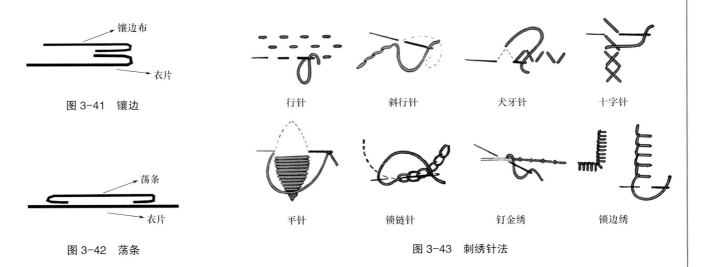

图 3-41　镶边

图 3-42　荡条

行针　　斜行针　　犬牙针　　十字针

平针　　锁链针　　钉金绣　　锁边绣

图 3-43　刺绣针法

盘扣：也称布盘扣，由纽头、纽袢、扣花组成。盘扣可分为直扣和花扣两种。浙江畲族近代花边衫采用的为直扣，造型简洁平直，采用斜裁布料制成，其纽头既可用纽条盘制而成，也可选择金属扣（参见图3-36、图3-37）。

---

❶　资料来源见48页注❶。

3.2.3　织锦拦腰（围裙）

畲族织锦拦腰，在清光绪二十二年《遂昌县志》就有"腰着独幅裙"的记载，其用途广泛，畲民妇女不仅在盛装中和平时待客、做客时搭配穿着，即使在一般劳作中，男女也都腰系织锦拦腰。其系法为：拦腰覆于前腰下，两耳织锦带在后腰交叉后再绕到前面打结固定。织锦拦腰由布身和织锦带组成。布身多以麻布、棉布为面料，织锦带又称彩带、花带、字带，是畲族妇女的传统手工艺，少女时代随母学织，青年女子常以自织花带作为情物送情人。图 3-44 为浙江景宁拦腰，图 3-45 为云和拦腰，图 3-46 为平阳织锦拦腰❶。拦腰的工艺和畲族服饰文化元素主要体现在织锦带上，所以本节着重对织锦带的形制与织制工艺进行讲述。

图 3-44　景宁拦腰

图 3-45　云和拦腰

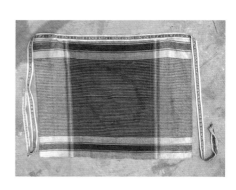

图 3-46　平阳拦腰

3.2.3.1　织锦带形制

浙江畲族织锦拦腰中，织锦带蕴涵着丰富的工艺和文化信息，其纤维用料有棉、麻和丝。一条完整的织锦带长度大多为 1 ~ 1.5 米，两端呈须状（图 3-47），制成拦腰时，一般会分为两截固定在拦腰两侧上端。织锦带宽窄不一，在笔者考证和收集到的实物和文献资料中，其宽度大约为 2 ~ 7 厘米。

织锦带基本结构包括带边、带眼、带芯和带须（苏），如图 3-48 所示。带边一般由红、黄、蓝、绿、

图 3-47　织锦带

❶　资料来源：

①　浙江省丽水市景宁畲族自治县文物管理委员会 雷光正（35 岁 畲族男）王景生（52 岁 汉族男）樊力中（43 岁 汉族男）等同志。

资料收集时间：2004 年 2 月 16 日 ~ 3 月 9 日；2004 年 11 月 29 日 ~ 12 月 5 日；2005 年 3 月 7 日 ~ 3 月 10 日。

②　浙江省温州市平阳县 青街畲族乡 雷必彬（80 岁 畲族男）钟炳柔（40 岁 畲族）雷朝斌（41 岁 畲族男）。

资料收集时间：2004 年 5 月 2 日；2004 年 6 月 18 日 ~ 6 月 28 日；2004 年 12 月 7 日 ~ 12 月 9 日。

③　浙江省丽水市云和县 务溪畲族乡 坪垟岗村 畲族民族研究会副主席 蓝观海（畲族 男）。

资料收集时间：2005 年 3 月 13 日；2005 年 4 月 27 日。

白等色纱线一色或多色按比例相间牵经，也有单独白色纱线作边经的，组织为平纹；织锦带两边各有一条带眼，是由黑色、白色、黑色的经线按2∶1∶2或1∶1∶1的排列扦经，以平纹组织和经密纬疏的结构形式，以配色模纹的原理，交织成"眼"状纹样；织锦带中间有花纹部分为经二重组织，以白色纱线作地经、较粗的黑色纱线作纹经，纹、地经排列比为1∶2，也有少数为1∶1，再以白色纱线作纬线，平纹地组织，黑色经线浮长起花，正反互为效应，实物及组织图如图3-49所示。畲民根据黑色纹经的根数，把彩带分为"三双"、"五双"、"九根"、"十三根"、"十九根"、"三十三根"、"五十五根"等。其中最常见的为"五双"和"十三根"（图3-50、图3-51）。

织锦带中间的提花纹样，其形式主要为单独纹样，在云和织锦带中也有部分为二方连续纹样，题材以几何纹、字纹为多，也有少数动物纹、花卉纹、器物纹等（图3-52）。在深入田野作业中，考证到有些织锦带纹样为自古相传，记载着丰富的远古信息，很多纹样的意义已模糊或不可考证；有些纹样直接取自畲

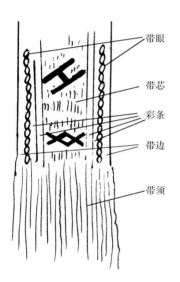

图3-48　织锦带构成示意图

图3-49　织锦带实物与组织图

图3-50　五双

图3-51　十三根

民的生活，具有深厚的农耕、山居的生活气息；另一些呈汉字织纹的纹样，则表现出受汉族文化的影响，取其吉祥意义或单纯借鉴汉字的纹样美。但可看出，不管为何种纹样，皆以经浮长结构形成斜向条纹（图3-52），因为织带工艺在纹样效果上的表现以45度角为佳。

图 3-52　织锦带纹样

3.2.3.2　织锦带织制

浙江畲族织带织造工艺主要为整经、提综、织带三个过程。所需工具极其简单，由可伸缩的长方形木架、3根小竹竿（畲语称"耕带竹"，分别长约10～15厘米、20厘米、10～15厘米）和尖刀形的光滑竹片（畲语称"耕带摆"，长约25厘米，宽约3厘米）以及纱线构成，如图3-53所示。

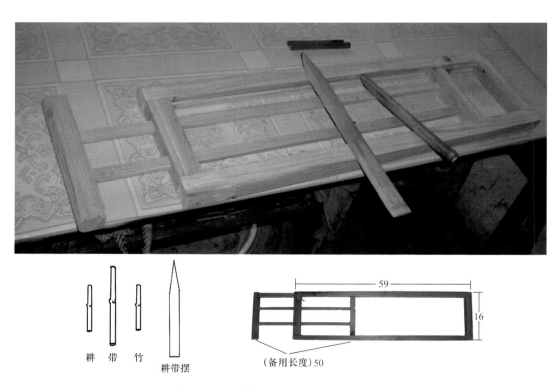

图 3-53　织锦带织制工具（单位：厘米）

（1）整经，先将耕带摆与较长那根耕带竹相隔一定距离置于木架上，用砖头或其他较重物品压其上以固定（图3-54）。然后将所用经线的线头固定在木架可拉伸手柄底部（图3-55）。接着开始根据不同

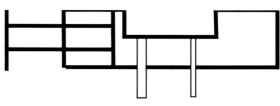

图 3-54 整经（1）

经线的排列牵经，牵经方法如图 3-56 所示，先将固定在手柄底部的纱线从耕带摆的上部绕过，拉至耕带竹时，从其下面沿着耕带竹绕一圈后，拉到木架右侧，从其背面绕回手柄处，如图 3-56（2）所示。接着与上次相反（以便提综），纱线这次从耕带摆的下部绕过，拉至耕带竹时，同样与上次相反（形成固定开口），从其上面沿着耕带竹绕一圈后，拉到木架右侧，从其背面再次绕回手柄处，如图 3-56（3）所示。依次循环，完成牵经步骤。

（2）提综，由于经线从耕带摆上、下方依次循环经过，已为提综做好初步准备。先用一根线将耕带摆形成的上层经线套住（图 3-57），然后取一根线将其一端系在一长木棍上（或找一个固定的支点），另一端穿过耕带竹上层第 1 根经线，向上绕过小木棍，依次再穿过第 2 根、第 3 根经线间（图 3-58），如此循环反复，穿完所有耕带摆上层经线。再用一根线穿过绕于小木棍上所有的线，然后打结，便可将耕带竹抽出，由于经线缠绕耕带竹的形式，自然形成开口，将耕带摆上层经线提起形成又一次开口（图 3-59）。

图 3-55 整经（2）

（3）织带，提综完成后，将牵好经的经线圈从木架上取下，将另外两根较短的耕带竹分别套在经线圈的首尾两端固定，上端系于木柱等较高处，下端用绳捆在臀部（图 3-60）。在织带时，依靠提综制织平纹，在起花部，则先用耕带摆挑花（图 3-61），后引纬，再用耕带摆打纬。

当彩带织到一定的长度时，把一部分下层经线转到上面，然后将起固定开口那根耕带竹向上滑，就可继续织带。最后，留一段不织的经线作带须，从带须中间剪开（有时便于保存可以不剪），至此完成了织带过程❶。

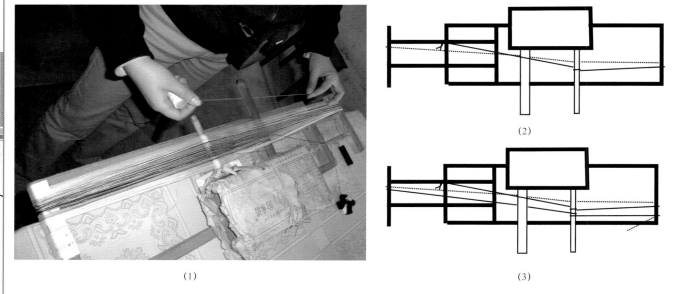

(1)

(2)

(3)

图 3-56　牵经

图 3-57　提综（1）

❶　资料来源：浙江省丽水市景宁畲族自治县 东弄村 三枝树 蓝延兰（35 岁 畲族 女）。
资料收集时间：2004 年 2 月 28 日；2004 年 3 月 7 日~3 月 9 日；2004 年 12 月 3 日；2005 年 3 月 8 日。

图 3-58　提综（2）

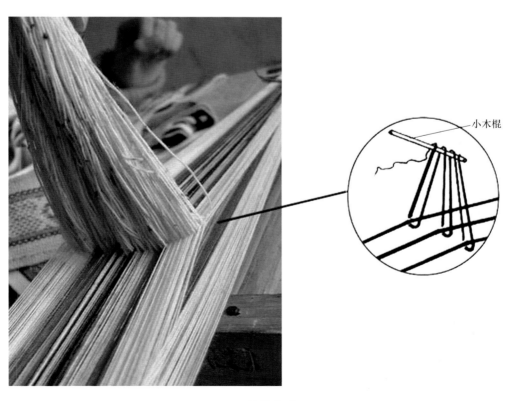

小木棍

图 3-59　提综（3）

图 3-60　织带

图 3-61　挑花

第四章 现代闽东畲族服饰

　　闽东地区，即福建宁德地区，现有畲族近 18 万人，占全国畲族人口的四分之一，是全国畲族最为集中的地区。目前此地区，畲族遍布 9 个市县，120 个乡、镇，有 131 个畲族村民委员会，其中畲族人口平均占行政村总人口的 60% 以上，并维持着较为传统的畲族文化生态系统。

　　福建畲族服饰历来独具特色，清代福建永定巫宜耀《三瑶曲》，赞叹畲女风采："家家新样草珠轻，璎珞妆来别有情。不惯世人施粉黛，明眸皓齿任天生。"如图 4-1 所示，在 1963 年 6 月 30 日国家邮电部就曾发行过一套 "中国民间舞蹈"（第三组）特种邮票，其中第一枚即取材于福建霞浦县畲族婚礼服饰。

　　畲族服饰因地域分布而有所不同。如图 4-2 所示，闽东畲族服饰大致可分为福安式、罗源式（宁德蕉城飞鸾式）、霞浦式和福鼎式四种类型，穿着人口约占畲族总人口的一半，具有一定代表性[34]。针对以上四种服式，笔者于 2010 年 4 月分别选取了代表福安式的福安市社口镇牛山湾村和宁德蕉城区八都镇猴盾村；代表罗源式的宁德蕉城区飞鸾镇向阳里村和南山村；代表霞浦式的霞浦市溪口镇半月里村；代表福鼎式的福鼎市硖门乡等地进行田野调查。

图 4-1　1963 年中国邮政邮票 "中国民间舞蹈"（第三组 6-1）

福安式

罗源式（宁德蕉城飞鸾式）

霞浦式

福鼎式

图 4-2　福建畲服代表性样式

4.1　福安市社口镇牛山湾村（福安式）

　　牛山湾村共约200多人，其中青壮年大部分外出打工，村里平时只剩老人和小孩。据村民雷石进介绍，1986年还有畲民在民间自发对歌时穿着畲族传统服饰，而现在村里人平常已无人穿传统畲族服装。

　　村里现在年岁最长的一位老人叫雷进轩，91岁。我们见到他时，他的穿着与汉族没有区别，平常不穿畲服。他家里存有一件20世纪80年代制作的传统男式畲服"烟筒衫"，为蓝色斜纹布右衽大襟长袍，在距领底、襟边和袖口边2～3厘米处各有一道压缉线（图4-3）。

　　调研团队去时正值"三月三"乌饭节，福安乃至闽东许多地区的畲族歌手都来参加政府在牛山湾组织的歌会。如图4-4和图4-5所示，歌会上的歌手大都穿着现代"改良"的畲服。原先畲服自织、自染、自绣的手工艺基本上都被工业化大批量机器制作所取代。对服饰风貌影响最大的是传统手工绣花改为电脑打版机绣，一方面，由于电脑绣花针法的局限，机绣用线不能太细密，这就使传统刺绣纹样为适合电脑图版的制作而失掉其精巧细腻性，流于简

图 4-3　福安传统男式畲服

图 4-4　舞台上表演的畲族少年

图 4-5 参加歌会的畲族歌手

陋呆板；另一方面，传统畲服刺绣多为畲族绣师随手作绣，手随心动，不必打稿，除了刺绣的区域、外轮
廓和排列布局约定俗成外，适合纹样的题材和造型可以千变万化，这就使得畲族服饰在款式大致统一的共
性下，每一件服装单品又能以其独特的刺绣花纹显现出个性魅力，可以说每一件畲族服装都是独一无二的
艺术精品（图4-6）。目前广泛使用电脑机绣的根本目的就是通过大批量机械操作来减少劳动力、节约成本，

但是生产出的服装却千篇一律，失去了其丰富的异质美（图4-7）。在刺绣机械绣花代替手工绣花的同时，服装材料也有较大的变化。过去畲服面料主要是自织、自染的麻布和棉布，质感粗硬。现代改良的畲服大量应用密实耐用的斜纹劳动布、丰盈华美的绒布、柔软悬垂的呢料等现代织物，丰富了畲服的构成、手感和视觉效果。同时，现代织物的良好功能性，如柔软度、吸湿性、弹性等，使得畲服的人体舒适度得到了提升，造型得到了很大扩展。

　　在歌会上我们还见到一个有趣的现象，有一位畲族妇女将一条闪闪发光的腰饰佩戴在传统的福安式

图4-6　霞浦式传统纹样手绣衣襟

图 4-7 仿福鼎式传统纹样的机绣衣襟

畲族服饰外，如图 4-8 所示。此腰饰有明显的西域少数民族风情，这呈现出信息交换日益便捷的当下传统服饰所受影响来源的多元化。

歌手们所穿现代改良畲服有一部分是政府统一制作配发的（图 4-9）。应邀为 2010 年 6 月 "海峡两岸畲族联欢活动"设计制作畲族服装的闽江学院服装系陈栩教师介绍，目前，她们设计现代畲服的理念是在尽量不折损传统畲服的艺术价值和文化内涵的前提下，使之适应当下工业制作环境。她们在设计霞浦、宁德、罗源、福鼎系列现代畲服时，在收集了以上各地大量传统畲服资料的基础上，对其款式、纹样、工艺、面料等物质文化元素及其有关寓意、传说、历史等非物质文化元素进行梳理提炼后，再以现代技术手段重现这些元素。但事实上，现代畲服设计的真正决定权并不在设计师手中，而往往是组织活动的当地政府领导。政府领导与主流汉文化接触较多，受其影响较大，促使汉族审美意识和标准较深地渗透到畲服当中，促进了畲服的汉化。

图 4-8 着腰饰的畲族妇女

图 4-9　主持人穿着经过设计师改良的福安式畲女服

4.2 宁德市蕉城区八都镇猴盾村（福安式）

宁德蕉城区八都镇猴盾村同样流行福安式畲服，其情况与福安市社口镇牛山湾村有所不同。猴盾村约有百户，七百多人，均为畲族。其中六十岁左右即 20 世纪 50 年代前后出生的妇女中，有些还在穿着畲服；有些四十岁左右的人拥有畲服，但平时基本不穿；而二十岁左右的年轻人就基本没有属于自己的畲服了。

蕉城区民族宗教事务局雷良裕局长把这一现象归结为畲汉文化交流的深广性，特别是畲汉通婚情况的增加。据他介绍，以前当地畲汉通婚的情况很少，但现在畲汉通婚在畲族新婚中的比例约占三分之一。结婚时，如果新郎新娘都是畲族，新娘子才会穿上传统的畲族婚礼服——凤凰装，如果有一方不是畲族，则不穿。而新郎礼服已经全都改为西装，这与汉族无异。

据猴盾村村长介绍，目前村里约有十多位畲族妇女常年穿着传统服饰，但是我们在村里只见到雷珠英和雷仁雪两位老人还在穿着传统畲服（图 4-10）。这两位老人的畲服是十几年前在邻近的七都镇制作的，制作样式严格按照传统制式。然而，四十岁以下妇女所收藏的畲服基本上都是用简单织带代替手工绣花的现代改良畲服，如图 4-11 所示。

在后续的采访中，我们逐步了解到猴盾村几位老年妇女穿着畲服并不完全出于自发，而是由于村政府每年拨几百元钱要求她们一年到头穿着畲服。

福安市、周宁县、寿宁县和蕉城区北部区域畲族妇女的发式叫"凤身髻"，俗称"凤凰中"，如图 4-12 所示。这种发型的梳理方法是：已婚妇女梳头时，将头发分成前后两部分，将后面头发用红毛线扎成坠壶状向头顶方向梳拢，与前面的头发合并后，沿前额从中央往右再经脑后梳成扁平状盘旋绕头顶一匝，头发若不够长则需续上假发（大多数人都需续假发）。绕头一匝的头发高达脸部的二分之一，中间用红

图 4-10　村里只有雷珠英等两位老人常年穿着畲服

图4-11 年轻一代人的畲服多是工业时代的机械制品

色毛线缠绕固定，上部略向外张，故又称为"碗匣式"或"绒帽式"。

为了使梳成的碗匣扁平挺直，则需用数只发卡夹住头发，顶部压一条两指宽的银簪，并插银耳钯、豪猪簪各一枚。凤凰中发式梳成后，正面宽大平整如黑色缎帽，侧面看如富贵凤身。

未婚少女过十六岁，头发也梳成斜筒高帽形状，但不向外扩张，而是把前面部分头发向后拢，与脑后头发合并后从脑后右往左缠绕呈直筒型，头顶不压银簪，而是用红绒线代之。已婚妇女耳朵两旁分别挂有耳坠，未婚少女耳朵两旁，只挂一个拇指大的银圈。

图4-12

图 4-12　"凤身髻"的梳法

畲族妇女发间的黑色、蓝色和红色绒线环束可分别标示出老、中、青不同的年龄，同时丧偶的妇女还会用绿色和白色的绒线圈头。

4.3　宁德市蕉城区飞鸾镇向阳里村（罗源式）

飞鸾镇毗邻罗源，其传统服饰是典型的"头顶红色'凤凰髻'、大襟交领、胸前饰银'扁扣'装饰……"的罗源式[34]，如图4-13所示。飞鸾镇共有四个畲族行政村，向阳里村、南山村、新岩村和蒲岭村，畲族人口约1400人，传统服饰特征相同。

从1993年开始，福建省出台了"造福工程"，很多原来居住在山里的畲民向山下迁移，通过政府赞助买地建房，集合在汉族聚居的城镇边建成新村，向阳里村即是如此。据向阳里村支书兰知斌介绍：向阳里村现在共有约800人，其中75%是畲族。在20世纪80年代，老年人基本上都还穿着畲服，二十岁左右的年轻人有五六个会常年穿畲服，约占当时年轻人总数的20%～30%，现在平时几乎没有人穿畲服，只

图 4-13　钟月珠女士所藏老照片里的"罗源式"畲族服饰

有逢年过节、照相和结婚时会穿着畲服，且结婚也是新娘新郎双方均为畲族时才穿。现在村里总共约有 20 多套传统畲服，是作为嫁妆置办的，而能梳凤凰髻的人整个村只有五六个。男子服饰无论婚前婚后都与汉族相同。

据钟月珠女士（1965 年生）介绍，她童年时畲族妇女常年穿畲服，连干活时也梳凤凰髻，甚至晚上睡觉时都不拆。当时所见畲服远不如现在华美（图 4-14）。老年人穿的服装花边更少，肩部里层和外层分别有简化的三排和两排花边，围裙仅仅是黑色底布中间镶拼白色贴布。现在无论是青年畲服还是老年畲服都较之前繁丽。现在村里比较流行、公认"比较漂亮"的盛装大都是 2000 年前后由罗源兰曲钗师傅制作的。

图 4-14　汤瑛女士所藏老照片里的"罗源式"畲族服饰

4.4　宁德市蕉城区飞鸾镇南山村（罗源式）

同属于飞鸾镇的南山村，其大部分村民还居住在位于山腰的祖居地。据村长兰意良介绍，村民多是畲族，约有 560 多人。除了春节和结婚外，大家一般不穿畲服。制作畲服即使从南山村到宁德市区比到罗源便利，但村民都到罗源找兰曲钗师傅制作畲服，因为他们认为宁德市的师傅只会做福安等样式，而这些样式并不是飞鸾镇畲服的传统款式。由此可以看出，当地畲族对代代相传的传统服装款式的固守。然而，即使有着对传统服饰的强烈民族认同感，但南山村民族服饰传承现状仍然堪忧。整个南山村现在只有个别妇女能够掌握传统飞鸾式凤凰髻的梳理技巧。按照畲族当地风俗，结婚时给新娘梳凤凰髻的妇女一定要是"有福之人"，即双亲健在、家庭美满、儿女健康。村里上一任梳头的妇女由于丈夫过世而失去这一资格，现在继任的是雷爱珠（1972 年生）。如图 4-15 所示，我们请南山村妇女主任雷兰钦作模特，请雷爱珠为我们展示了给雷兰钦穿戴整套传统服饰的过程。可以看出，雷爱珠还不是很熟练，梳头花了一个多小时，整套服饰穿戴完毕总共花了约两个小时。全套服饰包括凤凰髻、绣花交领上衣、黑色长裤、黑色及膝裙、绣

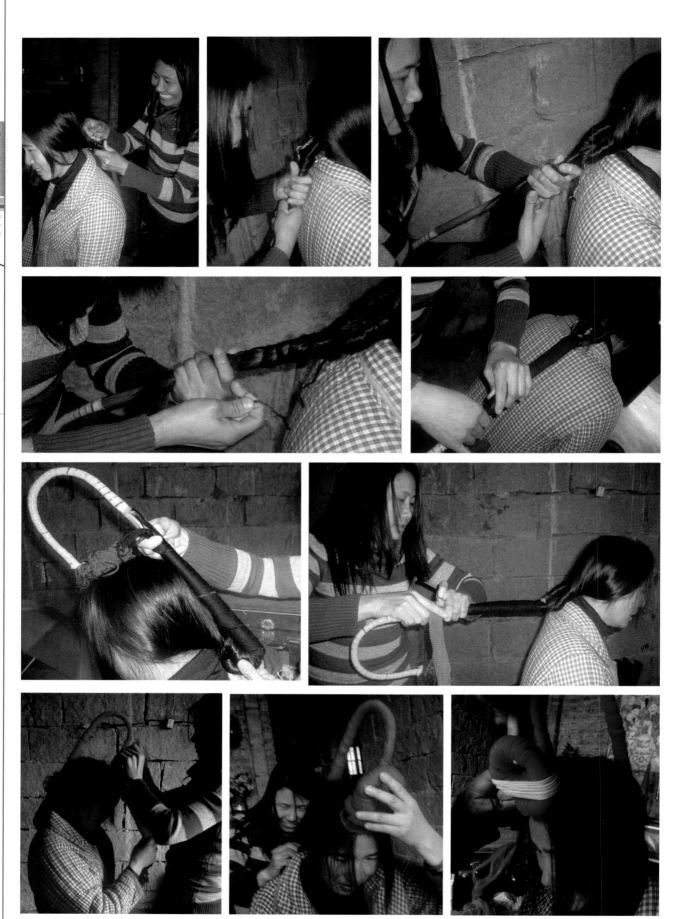

图 4-15

图 4-15　雷爱珠女士给雷兰钦女士穿戴整套传统服饰的过程

花围腰、一条红色麻质嵌条纹腰带、一条两端有绣花织带装饰的蓝底白点仿蜡染腰带，上衣还必须内衬一件白色西式翻领衬衫，穿时将衬衫的白色翻领翻出领口。值得注意的是，不同的服饰搭配也透露着不同的身份信息：婚前穿裙；结婚时在婚前的基础上再加上凤冠、银挂面；婚后一般只穿长裤与围腰。

在穿戴过程中，不时有村民过来观望。到穿戴妥当，围观的村民由衷地发出赞美，"真好看！"可以看出人们对传统畲服发自内心的喜爱。其中雷爱珠女儿的反应引起了笔者的兴趣，她年龄在17岁左右，正在镇上读高中，当天是周末，放假在家，雷兰钦女士整套穿戴传统服饰的过程都是在雷爱珠家客厅完成的，雷爱珠的女儿知道我们在拍摄穿戴畲族传统服饰的过程。开始时她显得漠不关心，一直在旁边的卧室看电视。当雷兰钦演示完毕，把畲服脱下让她穿上拍照时，她先是显得很不屑地说："我才不穿这个呢！"后来终于在众人劝说下穿戴上，还主动找出自己的鞋子和裤子进行搭配，对畲服加入了她自己的审美与设计。最后立于镜头前的她，面若桃花，露出发自内心的笑容（图4-16）。笔者也好像从中感受到了传统艺术的魅力对畲族当代青年人的感召和洗礼。

调研团队有幸在村里见到了兰加妹老人（1924年生）收藏的两件畲服，一件为棉布冬上装（图4-17），一件为麻质夏上装（图4-18）。据老人所说，两件衣服大约是在她三四十岁时所制，故应为

图 4-16　雷爱珠女士女儿

图 4-17　罗源式老式女冬装

20 世纪 60 年代款式。很明显，当时的花边等装饰较之现在要少，款式大致与现在相同，均为交领、大襟、长袖、衣长及臀，两侧开衩的上衣。

图 4-18　罗源式老式女夏装

图 4-19　工作中的兰曲钗师傅

4.5　访罗源市竹里村兰曲钗师傅

在兰知斌等人的带领下，团队来到距离飞鸾镇约一小时车程的罗源市竹里村，拜访了福建省"非物质文化遗产传承人"兰曲钗师傅（图 4-19）。

兰师傅生于 1964 年，从 13 岁就开始从业学做传统畲服，祖传裁缝手艺到他这一辈已经是第五代，整个家族里有 30 多人都从事服装行业。当年学做传统畲服时，是父亲教会哥哥，哥哥再教姐姐，姐姐教他，一个带一个，手把手地教。兰师傅有亲兄弟姐妹各一个，都会裁缝。弟弟和妹妹平时在福州的一个服装厂工作，在兰师傅忙不过来的时候会过来帮忙。兰师傅的夫人也是兰师傅的得力助手。

当谈到传统畲服能不能变的问题时，兰师傅很肯定地说："一定要变！我从 13 岁从业到现在，一直在变！"在保持传统款式的基础上，兰师傅一直在尝试通过增加绣花花边、丰富色彩等各种方式来美化畲服。同时，兰师傅也提到"变"是一个渐进的过程，

"一下子变得太漂亮也不行"，"一下子（把装饰）加上去会太复杂，不敢穿出去。"所以要一点一点地增加装饰，并接受群众的检验，"大家说好看就保留下来"。在这样的创作思路下，兰师傅所制作的畲服成为了标志着罗源式畲服最高水平的代表作，兰师傅也在 2008 年被授予"福建省省级非物质文化

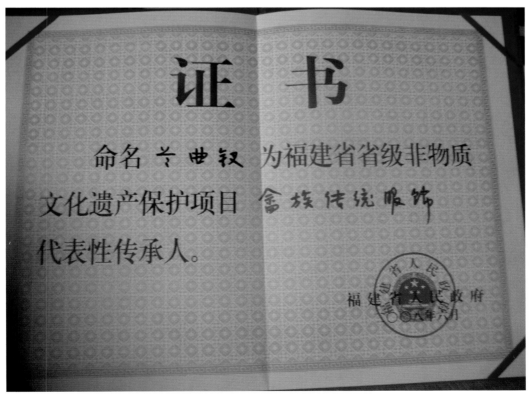

图 4-20　省级非遗传承人荣誉奖章及证书

保护项目（畲族传统服饰）代表性传承人"的荣誉（图4-20）。而罗源式畲服在兰师傅手下也越来越绚丽多姿，成为最能代表畲族特色的服饰样式之一。

兰师傅在看了兰加妹所藏服装（图4-17、图4-18）的照片后，证实这也是当年他学艺时，即20世纪70年代时的畲服款式。当时的面料主要是棉布或麻布，有自织、自染的，也有直接购于市场的，但即使自染，染料也都是从市场买来的工业染料。红色腰带由传统织机制作，而另一种蓝色蜡染花纹腰带在过去是通过蜡染工艺制作，后来将纹样交由工厂，定做相同图案的印花布。这说明罗源式畲服的传统手工制作模式在三四十年前就受到了工业生产模式的冲击，并且这种影响还在逐步扩大。兰师傅讲到1990年"新样式"（指西式服装）开始流行，传统畲服受到影响，穿着普及度和市场需求都大大减少。

兰师傅制作畲服所用到的面辅料涉及绣线、布、缎、花边、珠片等，除织腰带仍为邻村传统织机制作以外，大部分材料是从各地市场搜集来的现代工业产品。兰师傅制作服装的工具主要包括家用缝纫机、缲边机、烫衣机、熨斗等。包括腰带在内的一整套罗源式畲服需要5天时间制作完成，总价在1000元以上。

据2010年调查，具体价目为：衣服450元，围兜170元，银扣140元，腰带50元，织腰带70元，合计880元，加上鞋子总价1050元。

近年来，几乎所有罗源式畲服都出自兰师傅之手。甚至闽南的厦门、漳州等地畲族也来请兰师傅为他们制作畲服，以罗源式作为他们的畲服样式。除了罗源式外，兰师傅也应邀制作宁德式等传统畲服。

兰师傅刚制成了一件福安式畲族女服装，如图4-21所示，根据是从一位80岁老人处收来的服装（目前收藏于畲族宫或民委）改制，将羊毛线改为手缝线，更为精细，花纹稍加改动。袖口内侧贴边花色依次为：红、白、红、蓝、红、黄、红。

图4-21　兰师傅所制福安式畲女服

4.6　宁德市霞浦县暨访雷英师傅（霞浦式、福鼎式）

来到霞浦，调研团队先拜访了霞浦县办公室主任钟光荣。钟主任（1953年生）是《霞浦畲族志》主编，对霞浦畲族的情况十分熟悉。据他介绍，霞浦县共 53 万人，其中少数民族 4.7 万，畲族为 4.4 万。目前，霞浦县只有 60 岁以上的畲族老人还保留日常穿着畲服的习惯。现在即使在畲族聚集区，畲民结婚时也不穿畲族服饰，但是新娘出嫁时会陪嫁一套畲服作为嫁妆，不过这套服饰没有头饰。现在只有白露坑的一个艺人会做结婚时用的头簪、凤冠，而且需要 3 个月时间才能完成。值得注意的是，当地包括刺绣艺人在内，都是男师傅制作畲族服饰。

霞浦的畲族服饰分为两路：西路霞浦式和东路福鼎式。

西路，如图 4-22 所示霞浦式，流行于霞浦县西、南、中和东部一些畲族村庄，是霞浦畲族的代表服式，故又称"霞浦式"。式样为左右衽两穿式斜角大襟式小袖服，比汉装偏长 5 厘米左右，小立领、无口袋、前后衣片等长，可正反两面穿用。领口钉一铜质或银质圆扣，绣花若干组，分"花领"、"一行领"、"二行领"和"三行领"。右衽斜角大襟处（当地称为"服斗"）刺绣红花 1 ~ 3 组，分别称为"一红衣"、"二红衣"和"三红衣"。衽角至腋下以布条制琵琶带系结，衣衩内缘和袖口亦绣制花边。老妇和少女装花饰偏少。

东路，如图 4-23 所示福鼎式，流行于霞浦县东部水门、牙城、三沙等地大部分畲族村庄。为右衽大襟式小袖服，复领，领口较高，只供单面穿用，其他与西路式相似。盛装领口添加两枚红绒球，俗称"杨梅花"，布托叶十余片；右大襟有两条红飘带，袖口装饰花边，有的在衣后装饰银制小薄片。

图 4-22　西路霞浦式　　　　　　　　　　　　图 4-23　东路福鼎式

据史料记载[35]，畲族男裤色重靛蓝或黑，女裤色重黑色，式样同汉族。有的女裤稍短，至小腿之半处，称"半长裤"。霞浦畲族男子上衣，普通装色黑（青）或蓝（靛蓝），式样同汉族。

男子结婚礼服，多为靛蓝色，通常为右衽大襟无领长衫，裾长过膝，领口及大襟钉铜扣或布纽扣 5 枚。有的在胸前刺绣方形盘龙图案，四周滚镶红白相间的绲边，衩口绣以云纹。随葬礼服，式样同婚礼服，俗谓"死人扮礼身"。

畲族女子结婚专用半身裙称为"大裙"。有筒式和围式两种，皆黑色、素面、四褶，长至脚面，故又称长裙。婚礼时，系于衣内，同时系束宽大的绸布腰带，或系佩蓝色绸花。今多改穿红色长裙。

图4-24所示的凤冠又称"公主顶"，是霞浦畲族女子结婚和随葬的专用冠戴。冠体正中上部装饰精致银框小方镜，方镜上配以微型剪、尺、书、镜等，寓趋吉辟邪之意。冠顶呈金字塔状，贴缀银片若干，左、右、后侧挂银蝶、银片串、料珠串等饰物，顶端装饰两片三角银片和红缨络。凤冠所用银片均雕刻吉祥图纹。婚礼凤冠，另系一块长方形银牌与九串薄银片组成的银饰遮面，宛如垂帘，俗称"线须"。

畲族男子专用于婚礼与随葬的黑缎宫帽，俗称"红缨帽"或"红包帽"。帽檐宽且外敞，帽顶缀直径约2厘米的铜质圆球或红布球，并系以红缨穗，后逐渐改用圆檐礼帽。

图4-24 霞浦畲族婚礼凤冠

畲族妇女劳作所用围裙俗称"拦身裙"，由裙头、裙身、裙带组成，如图4-25所示，霞浦式围裙裙身为黑色，呈扇形，裙身上方及腰线两侧镶红、黄、蓝、白、绿等颜色相间的添条彩边，沿彩边刺绣图案，多一式两层次，呈马蹄形；裙头蓝色，两端钉布耳系裙带，带末端为穗状。福鼎式围裙如图4-26所示，裙身为长方形，通常裙身上中部加一层淡绿色绸布为装饰，裙带为编织有几何或文字纹样的花带。

绑腿又称脚绑或脚暖，畲族妇女用于装饰小腿部位，兼有防护、保暖作用。绑腿多用白色龙头布缝制❶，呈三角形，通常长55厘米，宽28厘米，末端有红色缨络和紫红色长织带，包扎后红缨络垂于小腿上。至20世纪70～80年代，逐渐少用。

---

❶ 龙头布是日商裕丰株式会社上海裕丰纱厂于民国21年开发生产的纯棉平布织物。因其注册商标为"龙头"，故称龙头布。由于质地优良，被广泛用作内衣衫裤、被里布，坯布可加工各种色布、印花布、漂白布，又适应当时的消费水平，在市场上一直保持畅销。1953年，龙头细布生产规模逐渐缩小，到60年代末，已完全被细支、阔幅、化纤混纺等新产品所替代。

图 4-25　近代霞浦式畲族围裙

图 4-26　现代福鼎式畲族围裙

　　畲族传统鞋子为圆口，黑布面、千层底或木底有外凸红色中脊的"丹鼻鞋"。女子专用中脊一道、方头"单鼻鞋"，鞋口边缘绣花或用色线镶制，男子专用中脊两道、圆头"双鼻鞋"。民国以来，传统有鼻鞋多作为婚礼与随葬专用鞋，平日用鞋与汉族相同。

　　畲族男子发型与汉族无异。女子传统发型，未婚少女头发通常盘梳成扁圆形，以两束红绒线分别饰于发角、发顶，额前留"刘海"，或以红绒线夹杂发中，梳辫挽盘头上呈圆帽状，如图 4-27 所示。已婚妇女，西路发型为古典式畲族"盘龙髻"，又称"凤凰髻"，用竹箨卷成筒、红绒线和大量假发夹杂扎成盘龙状高髻，大银笄横贯发顶中央，发式犹如苍龙盘卧，昂扬屈曲，独具一格，如图 4-28 所示。东路少妇发型，头发前部梳拢于左耳上，后部盘于头顶，额上裹青帕，中老年妇女则在脑后绾髻，大而扁平，外罩发网，额上裹青帕。

　　霞浦畲族妇女的传统首饰多为银制品，主要有头笄、头簪、头钗、头花、头夹、耳环、耳坠、耳牌、戒指、手镯、脚镯、胸牌、项圈、肚兜链等。其中：头笄长约 10 厘米，形如两片垂叶连成的弯弓，上錾凿图腾花纹；头花上镂人物、动物图案，制作精细；耳环形如倒置的问号（图 4-29）。20 世纪 80 年代后，金首饰逐年增多。

　　按照钟主任的指引，笔者在霞浦西关直街一条小菜市街里找到了雷英师傅的服装店（图 4-30）。店里悬挂着各色衣料，雷师傅和她母亲在缝纫机旁忙碌着。

　　霞浦地区领导出席活动时穿的畲族服饰大都出自雷英师傅之手。雷师傅 1965 年生，她的手艺大半是跟母亲徐建珍学的。徐老人生于 1938 年，从十七八岁就到崇儒上水开始学艺，当时霞浦共有十几个裁缝，

图 4-27　霞浦畲族少女发式

图 4-28　霞浦畲族妇女发式——盘龙髻

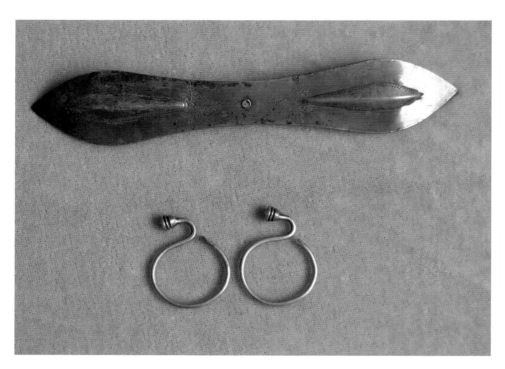

图 4-29　霞浦畲族妇女头笄（上）及少女大耳环（下）

图 4-30　雷英师傅和她的母亲徐建珍师傅以及她们的服装店

只有徐建珍是女裁缝。徐老人学艺时先学普通汉族服装的做法，学好之后在22岁时跟随畲族师傅蓝石吉（15岁开始学艺）再开始学做畲族服装。如图4-31所示，雷师傅在1989～1996年设计的畲族舞台服装照片。那几年，她参加了多次畲族服饰大赛，并屡获嘉奖。

　　如图4-32所示，雷师傅收藏的珍贵的畲族围裙老照片。照片中的围裙为新中国成立前徐建珍的师公所制，到现在已有70多年历史。依此来算，雷英应是畲服第四代传人。

　　雷师傅和徐老人亲身经历了畲族服饰的变迁。她们提到，畲服衣襟边的绣花在20世纪70年代的畲乡随处可见；到了90年代，经过当地的104国道通车时，沿途能看见身着畲族传统服饰的畲民；现在60多岁老人的服装基本都已经汉化了。目前，整个霞浦地区只有屈指可数几个八九十岁的老人平常穿着的还是老款式，所谓的老款式也只是保留了衣襟边缘的花边。

　　雷师傅拿出两张大约20世纪80年代畲族人对歌的老照片（图4-33），照片上面歌手的穿着正是原汁

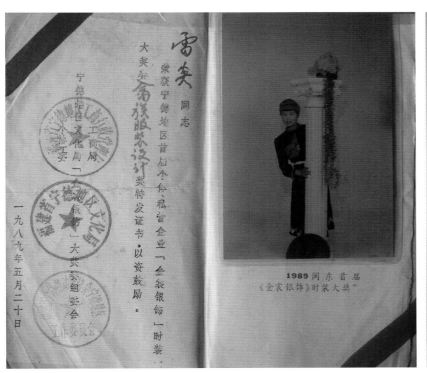

图 4-31　雷英师傅 1989 ～ 1996 年设计的畲族服装及获奖证书

图 4-32　雷英师傅收藏的新中国成立前畲族围裙老照片

原味的畲族传统服饰。

霞浦式与罗源式传统畲服相比，手工刺绣为主要的霞浦式服装装饰手法，耗时往往需半个月；而罗源式服装以编织的织带作为装饰居多，耗时相对较少。

当问及现在传统畲服生意如何时，雷师傅说没有多少人做，一年到头只有过年的时候才会有人来做给老人穿，即使畲族婚嫁时畲族人也不穿畲服了。雷师傅做畲服的材料往往取材于当地，然而现在市场上以前的传统材料都没有了，比如绣花线以前为三股纱线，现在只有两股且相对纤细易断。

由于现在做传统样式畲服基本上是做给老人，其中绝大部分是作为老人的寿衣，所以布料必须为土布，不能用化纤制品。

除了老人外，对畲服的需求还来自于畲族领导出席外事活动的着装。在这种情况下，客户的要求往往聚焦于美观方面，要求"好看点"、"刺绣多一点"、"边少点"、

图 4-33　摄影家蓝钊森所拍摄的畲族人对歌的老照片

"手绣多一点"。

雷英师傅对于传统畲服形式的恪守有自己的坚持。虽然从 20 世纪 90 年代以来畲族人居住的地区就在设计销售"新式畲服"，但她仍然认为传统畲服的样式必须原汁原味地传承下去。

对于畲族服饰制作行业的业内交流，雷师傅也很关注，在我们聊到兰曲钗师傅的情况时，她表现出浓厚兴趣，马上记下他的姓名、电话和非遗传人的称号，似乎想做进一步的了解。

4.7 宁德市霞浦县溪南镇白露坑、半月里畲族村暨访雷马福师傅（霞浦式）

按照钟主任的指点，调研团队从霞浦市区出发，坐客车到水潮，在南边客运站乘坐去溪南的车，然后搭乘摩托车行 10 公里到半月里，最终来到著名的"畲族文化名村"白露坑。

溪南镇白露坑村是"宁德市畲族文化重点村"，也是霞浦县最大的一个畲族聚居村，溪南镇辖有白露坑、半月里、牛胶岭、岔头、东瓜坪五个自然村，共有 345 户 1420 人，其中畲族 335 户 1378 人，占总人口的 97%。其境内山青水碧、林壑幽深，自然景观秀丽，浓郁的村野之趣和淳朴的风俗人情，孕育了灿烂的畲族文化，是闽东境内唯一与畲族历史地位相匹配的文化遗存，也是闽东最富有民族特色的一处人文景观。白露坑民风古朴，几百年来畲族习俗世代相传、保存完好，极具特色的"二月二"、"三月三"、"九月九"等传统节日隆重热烈，富有民族韵味。

白露坑村还遗存清代古民居和与之配套的大量珍贵文物。半月里自然村中的三座清代宅第、雷氏宗祠、龙溪宫等古民居雕梁画栋、气势非凡。如图 4-34 所示，整个半月里村子呈坡状依山势斜铺而下，一眼望去，层叠的屋瓦、半露的扉门、参差的院墙错落有致。

听说半月里有一个畲族博物馆，调研团队首先找到了馆长、民间收藏家雷其松先生的家。

图 4-34 宁德市霞浦县溪南镇白露坑行政村半月里畲族村

雷先生的博物馆位于村子的最高处，沿青石阶而上，雷先生和夫人雷华香迎接了我们。雷先生 1975 年出生，本是一名畲族青草医 ❶，17 岁开始跟随爷爷学习畲族医术，认识近 400 种草药。虽然身在偏僻的山村，但雷先生一直希望能把畲族文化带动起来。因此，他从 23 岁开始搜集、收藏畲族文物，从 2003 年开始筹建畲族博物馆，到现在已经收集了 800 多件藏品。这两年更是放弃行医，靠之前的积蓄和亲戚朋友的支持，投入 20 多万元专注于收藏。在宁德市兴建畲族中华宫时，雷先生曾捐助部分藏品。

　　雷先生拿出珍藏的几件畲族服饰，三条清代围裙，其中两条"作表姐" ❷ 时穿，如图 4-35 所示，一条平时穿，如图 4-36 所示。围裙是畲族非常重要的服饰品，按照当地风俗，大舅舅在外甥女出嫁时要准备绣花围裙给她作为嫁妆。此外，还有一件 20 世纪五六十年代外褂，如图 4-37 所示。

　　雷华香 1978 年出生，16 岁结婚，她对畲族服饰也相当了解，雷华香的姨爷爷正是雷英师傅的师公蓝石吉。

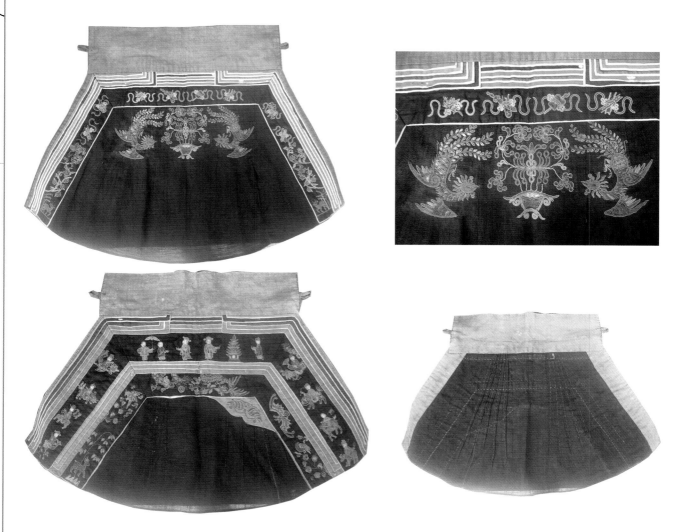

图 4-35　"作表姐"围裙

❶　畲族医术多为祖传口授、单线传承，传男不传女（传媳妇不传女儿）、不收外姓徒弟，因其防病治病多以青草药为主，因此又称"青草医"。

❷　"作表姐"就是准新娘要到舅舅家中陪客唱歌，可以说是准新娘的一次"带妆彩排"，准新娘会按照婚礼的打扮到舅舅家做客，探望亲戚，学歌会歌，以便婚后有更多机会参加各种赛歌社交活动，舅舅所在村的年轻小伙会陪准新娘对唱畲歌，若准新娘是"实力派唱将"，她还可到有亲戚的别村再唱。

正面

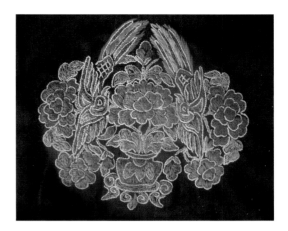

反面

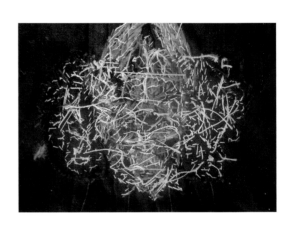

图 4-36　日常围裙

图 4-37

图 4-37　传统外褂"靠仔衫"及其上的刺绣

　　畲服手工艺繁复，一件传统上衣需耗时 8 天半，日常围裙需 3 天，"作表姐"时穿的围裙需要 2 ~ 3 个月。说起围裙，雷华香提到他在收藏过程中在盐田见到最精美的一条围裙，上面绣着 48 个手拿武器的人物纹样。如图 4-38 所示，围裙上面绣着 40 个人物纹样。

　　一般围裙上较为常见的图案有龙、凤、鹿、孔雀、麒麟、双狮、牡丹花、双龙戏珠、八仙、许汉文拜塔（白蛇传）等。这些围裙上的图案和上衣衣襟处的刺绣图案大多来源于当地流行的闽剧（图 4-39）。三月三歌会时，闽剧常和畲歌同台表演，可见闽剧在畲乡的流行程度。

围裙上的腰带具有身份标识作用，如未婚妇女的围裙上系绣花或织花绑腰带；已婚妇女系白色腰带；老年妇女系绿色或白色腰带。

半月里现在常年穿畬族传统服饰的一般只有八九十岁的老妪。有一位以前做畬服的雷向佺师傅，现在60岁，他最后一个徒弟是雷马福，51岁，两个人现在都不再以裁缝为业。与畬服搭配的银饰要到村外去打制，在附近的水潮村有一位银饰师傅，现已过世，其手艺传给了孙子。

图4-38　畬族传统围裙

雷马福1958年出生，20岁时学艺，当时畬服还很时髦，但是制作畬服用的绣花材料只有霞浦镇上唯一一家浙江平阳人开的店才有，线材紧密结实，不易断，不褪色，配套出售草绿、蓝、大红、橘红、黄五种颜色为一套。后来店老板去世，

图4-39　闽剧

便再也买不到了。现在的线材很松散，刺绣时穿插布面几次就拉断。福州电视台曾经请雷马福师傅做畲服，由于材料不全而无法完成。雷师傅做的最后一件传统盛装是在20年前。最传统的服饰用的是铜扣，雷师傅30多岁的时候市场上还有铜扣可以买到，后来买不到了，大家就用钱币加工成银扣使用（图4-40、图4-41）。

雷师傅还提到，畲服上的图案有一定的搭配规矩，如鹿一定要和竹搭配；鹤一定要和松树搭配，在大题材基调一致的情况下，细节可以自由发挥，如龙纹，可弯曲或伸长。

下午，笔者见到了雷国胜村长，1961年生人。他说在20世纪70～80年代，也就是他20岁结婚时，当地的风俗是请三到五位裁缝师傅到家里，花一到两个月的时间做七八套男女服装陪嫁，多的达到十二套甚至十八套。以十二套为例，包括一套三重花边的婚礼装；五套一重花边的干活儿时穿着的劳动便装；五套两重花边的作客时穿着的日常礼服和一套蓑衣。劳动便装和日常礼服包括夏装和冬装。笔者下车时见到一位阿姨，名叫钟昌娥，年龄80岁，身上穿着的就是一重花边的劳动便装，如图4-42所示。

除通常了解的畲族女子服饰有已婚和未婚的区别外，雷村长提到，半月里畲服还有一些特别的地方：一是未订婚女子的头饰很简单，而订婚女子的头上装饰增加，如增加了银簪、绑头发的红带"洋带"（工业生产红色头绳）等；二是由于订婚时男子要送女方刺绣礼服作为彩礼，故订婚后女子衣着会更精致华丽；三是未订婚女子所系的围裙绑带中间有花纹，已订婚女子的围裙绑带用纯白色宽带，中间没有花纹。两者下身都穿裤，打"脚绑"，即绑腿。现在半月里的畲族服饰大都是少女头饰配已婚妇女上衣，如图4-43所示，围裙可以通用，但在织带花纹上有所区分。现在很多人将头饰改造为直接套上去的黄绿色头套。

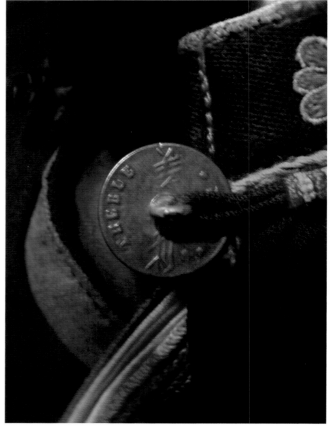

图4-40　霞浦式畲女服上的铜扣

图 4-41　霞浦式畲女服上的银扣

图 4-42　钟昌娥穿着一重花边的劳动便装

对半月里的畲族男士服饰而言，过去男子穿对襟衫，富人用铜扣，一般人用布扣。

霞浦畲族服饰三红衣的最大特色是前片左右衽都是大襟式，都有服斗❶，如图4-44所示，衽角和腋下均以蓝色布条制琵琶带系结，三红衣可两面穿。右衽左襟沿服斗和下摆衩角有刺绣，为逢年过节做客时穿，平日在家或外出劳动时穿反面。

图 4-43　现在的畲族服饰大都是少女头饰配已婚妇女上衣

正面穿时

反面穿时

图 4-44　霞浦三红衣❷

---

❶　畲服前胸衣襟这一部分称为"服斗"，一般刺绣有各色花纹，非常精美。

❷　宁德市霞浦县溪南镇白露坑行政村半月里畲族村雷国胜村长收藏。

4.8 福鼎市硖门乡暨访雷朝灏师傅（福鼎式）

调研团队在福鼎市民族宗教事务局见到了兰新福局长，他介绍说，福鼎地区与霞浦地区的畲族服装样式很相似，只是刺绣不同。20世纪60年代以前还有妇女日常穿着畲族传统服饰，70年代以后就渐渐没有了。福鼎的畲族服饰曾经参加过1996年在云南举办的全国畲族服装展，并获得了二等奖。福鼎畲服最具特色之处是衣襟侧角上长约50厘米的飘带，其末端略超过下摆。传统款式畲服的飘带原本只有一条，到近代渐渐出现两条飘带的款式。另一特色是袖口的装饰，黑底上绣蓝色、红色花纹，再加两个随机择取的颜色，例如水蓝和水红，一共五种颜色，代表福鼎地区雷、蓝、钟、吴和李五个畲家姓氏。其中雷姓、蓝姓和钟姓是畲族常见大姓，吴姓和李姓据说是在明末时通过招赘而加入畲族。

福鼎式畲服最为精美的是前胸衣襟"服斗"部分的刺绣，绣花需要17天才能完成，而且必须要用丝线来绣制。

传统福鼎式绣花图案的题材来源于"状元游街"、"云卿探姑"、"祝英台"、"白蛇传"、"奶娘传"、"薛仁贵"、"钟良弼"、"九天贤女"、"乌袍记"、"八仙"、"七仙女"等民间传说和戏曲故事。与霞浦地区不同的是，福鼎畲民不看闽剧，喜看木偶戏。木偶戏是当地的一个剧种，操闽南话或本地话，多是由汉族除魔收妖类小说改编的剧本，20世纪70年代还有"木偶剧团"。

兰局长展示了福鼎民族宗教事务局收藏的三件福鼎式畲女盛装，分别为20世纪50年代、60年代和90年代制作，如图4-45、图4-46和图4-47所示。

兰局长特意介绍了福鼎式传统围裙：样式为上窄下略宽的梯形，腰头比较宽且绣有大花，腹部位置一般绣两朵对称的凤穿牡丹图案；用来系扎围裙的织带比较宽，上面绣有汉字，一般为腰围的两倍长，在腰侧打蝴蝶结。织带图案有抽象的代表河流的犬牙纹样，也有"毛主席好，共产党好"等带有时代特征的标语口号，还有"一去二三里，全村四五家，高楼六七座，八九十枝花"式的诗句。

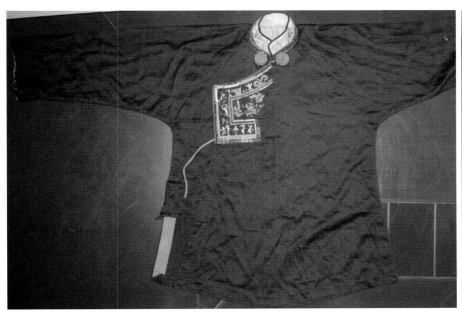

图4-45　20世纪50年代福鼎式畲女盛装

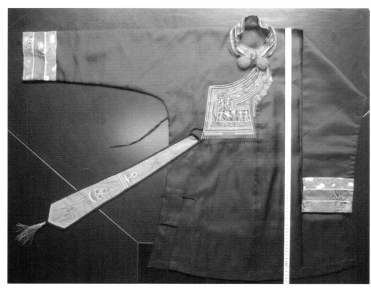

图 4-46　20 世纪 60 年代福鼎式畲女盛装

兰局长认为当代畲族传统服饰的没落主要是由于经济原因。20 世纪 90 年代，丽水师范学院学生每人都有一套畲服。到 2000 年，他向裁缝定做十件畲服，平均每件价格 1700 元，如果只做一件价格是 2200 元。而此时，用 100 元甚至 50 元就可以在市场上买到一整套流行服饰，所以大家自然选择穿日常服装。以他的经验，20 世纪 70 年代是个分水岭，从那时开始，大家才开始不穿传统服装。原来福安是穿着传统服饰人数最多的地区，但到了 20 世纪七八十年代也就没有了。

兰局长引荐了当地畲服艺人——硖门乡的雷朝灏师傅，我们按照兰局长的指导来到了距离福鼎市区 40 分钟车程的雷师傅家里。他给大家演示了传统的福鼎刺绣工艺（图 4-48），并展示了他在 2007 年福鼎瑞云四月八歌王节现场缝制畲族服装的照片（图 4-49）。

雷师傅以前有一个叔叔和两个兄弟都从事服饰制作，但 20 世纪 60 ～ 80 年代间都陆续改为务农。雷师傅从事畲服制作已有 30 年，现在年纪大了，用其话讲"手硬了"，但是却没有徒弟可以传承。雷师傅认为现在畲族服饰制作的最大问题是绣花线和针这些重要的材料工具都很难采办。传统福鼎式畲族刺绣需要七种颜色的绣花线：大红、二红（介于大红和水红之间的红色）、水红、蓝、黄、绿、紫，现在不仅颜色很难配齐，线的质量也很差，在布面上穿插几次就会起毛断裂。目前市面上也找不到适合绣花的又短又细的针（7 号或 8 号），以绣一个图案为例，原本需要 10 针，现在的针线只能容下 8 针，这样图案的细腻程度就受到了影响。

雷师傅对周边地区的畲族服饰情况也很熟悉，福鼎地区早在 20 世纪 70 ～ 80 年代，还是有人穿畲服，现在基本上只有歌

图 4-47 20 世纪 90 年代福鼎式畲女盛装

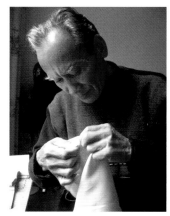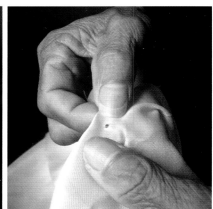

图 4-48　雷朝灏老人演示传统的福鼎刺绣工艺

图 4-49　雷朝灏师傅歌王节现场缝制畲族服装

会等大型活动时，畲民才会穿传统服饰。由于很多老人去世时要将服饰陪葬，故而现存的传统服饰越来越少。

碤门乡政府工作人员钟墩畅先生提供了一些畲服老照片，如图4-50至图4-53所示。据他了解的情况，1980年以前，泰顺还曾有师傅来碤门乡常驻，学习服饰技艺。在清朝末年时，如果泰顺畲民要做衣服，也是从福鼎请师傅到泰顺制作。到20世纪七八十年代，还有人穿传统款式的畲服，钟先生的祖母一直到20世纪90年代80多岁时还穿传统畲服。目前水门茶岗村还有人穿传统服饰，但已经没有人做了，主要是由于成本高，价格昂贵。20年前（20世纪90年代）畲民结婚还有人穿畲族盛装。福鼎式的凤冠和霞浦款式一样，银饰主要包括样式简单的手镯，但是现在没有人会做了，模具也没有了。原来的银匠兰文俊，已快70岁，手艺由他儿子兰光华继承，现在改为以打金器来维持生活。

钟先生说以前碤门畲族妇女主要着长裤，穿裙子的比较少，裙长一般及膝。20世纪60年代还有绑腿，后来就少了。裙子的腰头一般为150厘米长（约5尺），在腰间来回盘绕绑紧，着草鞋。畲族妇女在15岁以前戴胸牌，16岁上丁（成人礼）后取下，其他服饰不变。订婚前后的服饰差异不明显，但是结婚后头饰会有变化。

福鼎的畲语有南北之分，靠北接近苍南口音，从地缘上讲，福鼎与苍南的交流较与福安容易，因此无论是语言还是服饰，都受苍南影响较大。可见畲族文化不是以行政区划为范畴，而是以城关（市区）为分界岭。如前文所述，同样的规律也适用于霞浦。

图4-50　福鼎畲族妇女盛装

图4-51　福鼎畲族新娘装

图 4-52 福鼎畲族传统盛装老照片

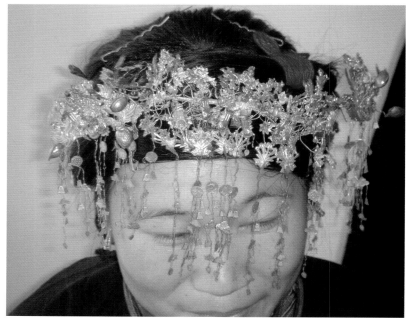

图 4-53 福鼎畲族传统头饰——银花

钟先生还提到，畲民自古迁徙流散，在全国广为分布。现在在中国台湾有兰姓畲族约 6 万人，主要是清朝上半叶"兰氏三杰"携台繁衍而来。其他地区的畲族长期迁徙后都没能保留下畲族特色，如从厦门迁至福溪再至赵家到赤岭以及武平迁至上杭芦溪的两支等。

4.9　访福安市钟桂梅师傅

　　2010 年暑假，在参加中美畲乡夏令营的契机，笔者有幸结识并采访了福安著名的畲族服饰设计师和工艺师钟桂梅师傅，如图 4-54 所示。钟师傅生于 1970 年，籍贯是穆阳镇坂中乡井口村，7 岁时作童养媳，2002 年来到福安市区。钟师傅自述小时候比较懂事，有主见，很多事情都自己拿主意，从 16 岁那年开始学做服装，当时她一面四处搜集相关书籍阅读自学，一面和几个同伴一起请一位师傅来教，七八个女孩子每个人出 30 元，师傅在各家轮流吃住。20 岁后正式跟师傅在店铺学习一年。有一天，她回家插秧，师傅跟她说："你不能在家里待下去了，现在 20 岁出去还来得及。"钟师傅当时 21 岁，正好丈夫毕业分配在穆阳工作，她也就随夫到穆阳镇，并开了一个服装店，自己裁剪，找个女伴缝纫，生意非常好。2002 年因为丈夫工作调动来到福安，她在福安开了家新店，原来的店就不再开了，但新店没有客源，到 2003 年就停

图 4-54　中美夏令营学员们设计的畲族服饰（右一为钟桂梅）

业了。直到 2007 年中国共产党第十七次全国代表大会代表雷春美书记找到她，拿来一件传统畲族服饰旧衣，希望改造后可以穿去北京参会。雷春美是闽北南平市书记。于是钟桂梅又开始了畲服的制作。钟师傅拆下老衣上的部分绣花，用丝绒为主要面料重做了一件。款式主要类似霞浦装，在衣领后面采用了双龙戏珠的图案。经过钟师傅改造的服装受到大家一致认可，从此上门定做畲族服饰的客户越来越多，其中包括位于闽西的龙岩畲族馆；位于福建省中部偏西的三明永安市青水畲族乡的乡长钟秀美；2009 年参加在内蒙古举办的民族服饰展览的宁德歌舞团；福安著名银饰品牌珍华堂；全国人民代表大会代表福安市坂中畲族乡后门坪村党支部书记雷金梅等。

除福安式以外，钟师傅也会做宁德式、罗源式等其他样式的畲族服饰，在做衣之前她都会征求客户意见，是想要偏新潮的款式还是老款式以及想要什么袖型等，客户一般要求做成传统方角领口的比较多。送去内蒙古参展的那套服饰完全按传统方式制作，只是绣花面积增加了一些。福安传统绣法主要是链绣，一套衣服上的绣花全部用链绣绣法。也有老师傅会平绣，钟师傅曾经跟老师傅一起合作刺绣，但自谦绣的不够好。现在机器绣花基本上都是模拟平绣针法。钟师傅认为，在正式场合应该遵循传统，但其他场合，应该融合时尚元素。例如以前老师傅用的传统面料，有些会掉色，不让人摸，钟师傅考虑很久，觉得衣服是给人穿的，一定要改，所以后来大胆采用新式面料，既方便又时尚，得到普遍好评。但也有客户反映"不像"畲族服饰，例如北京奥运民族村订制畲族服饰，最先的方案有人说不像畲族服饰，于是钟师傅在原来的基础上加了围裙和印章，然后大家就说像了；再有钟师傅给坂中乡钟丽萍乡长做的畲族服饰，有人说"不像"，但钟乡长穿起来说"很舒服"。大多数客户会要求衣服"要花多一点"，但是去参加活动的政府人员都要求隆重一些。

一般做一套畲族服饰要一个月，面料、绣品很多从义乌买来。钟师傅给我们看了她用的针线，针是上海志高工贸有限公司生产的 9 号众牌钢丝手缝针，线是益民绣线厂生产的百花牌绣花线。

说到学服装的动机，钟师傅说："自己从小没上过学，其他有知识有能力的人都走出去了，学服装也是为了走出去，为了得到大家的认可，得到尊敬，另外也是为了生存。"

对于畲服发展的期望，钟师傅想找一个标志用来代表整个畲族，这个标志要比较权威，能够得到大家认可，最好是一个比较权威的机构出面来做这件事情。

第五章　其他地区畲族服饰

由于人口分布、生产方式、居住环境等原因，畲族不同地方的染织服饰各有特色。本章选取了赣、徽、黔、粤地区主要服饰样式进行梳理，以其呈现出畲族服饰较为完整系统的全貌。由于畲族常服与当地主流服饰区别不大，且多表现为盛装的简化形式，故研究主要针对各地畲族盛装服饰形制，偶尔论及常服。

5.1　江西（贵溪市樟坪式）

明代中期，聚居在福建汀州一带的畲民，不堪封建统治者压迫，先后向浙南、闽北和赣东北的铅山、贵溪等地迁徙，主要居住在樟坪、雷家山、太岩、老屋基等地。畲族人与汉人长期杂居，生活方式已趋于汉化，然而，他们仍保留着特有的民族素质，在风俗习惯上有本民族的特色。2000年时，江西省的畲族人口约76500余人，大都散居在鹰潭龙虎山、铅山、贵溪、吉安、永丰、全南、武宁、资溪、兴国等县，共有如下七个畲族乡：上饶市铅山县太源畲族乡、上饶市铅山县篁碧畲族乡、贵溪市樟坪畲族乡、抚州市乐安县金竹畲族乡、南康市赤土畲族乡、吉安市青原区东固畲族乡、吉安市永丰县龙冈畲族乡。本节以江西比较具有代表性的贵溪市樟坪式畲族盛装服饰略为一记。

5.1.1　江西畲族传统服饰文献综述

据《贵溪樟坪畲族志》记载：明清以来，畲族男子穿无领青布短衫，无腰直筒裤。妇女以家织夏布为衣料，袖口和右襟镶黑色花边。明末清初，发饰改梳高头，盘髻于顶，以尺许锈（编者按：疑为"绣"）边蓝色巾覆之。

《贵溪县志》对清代贵溪畲族妇女头饰描绘的十分细致："女子既嫁必冠笄，其笄以青色布为之，大如掌，用麦秆数十，茎著其中，而彩线绣花鸟于顶，又结蚌珠缀四檐，服之刁刁然，自以为异饰也"（图5-1）[36]。

虽然畲族历史上的迁徙和居住地与闽、粤、赣交界地有很大的相关性，但现今畲族主要集中居住在闽东及浙南一带，当地的畲族文化特征保留得较为完整，故大多数近现代畲族研究也集中在闽东及浙南，而对江西的畲族较少关注。其中最早进行江西畲族研究的应该是吴宗慈主编的《江西通志稿》中的《江西畲族考》，该文考证了明代之后江西的畲族主要来自广东，并认为畲族源于古代的山越[37]。之后为人注意的文章是周沐照发表于《江西文史资料选辑》第七辑的《江西畲族略史》。以上对江西畲族研究的材料大多来自赣东北的贵溪、铅山两县。从周沐照先生的记述中，略可窥见近现代江西畲族服饰的风貌：

少女发型为独辫，扎以红绒线。劳动时，男女腰间都围独幅青蓝色腰裙（围裙），打赤脚或穿草鞋，草鞋为稻草和布条混织，结实耐穿，走路咯咯有声。有的男人还戴独耳环，女人则（戴）双大耳环。

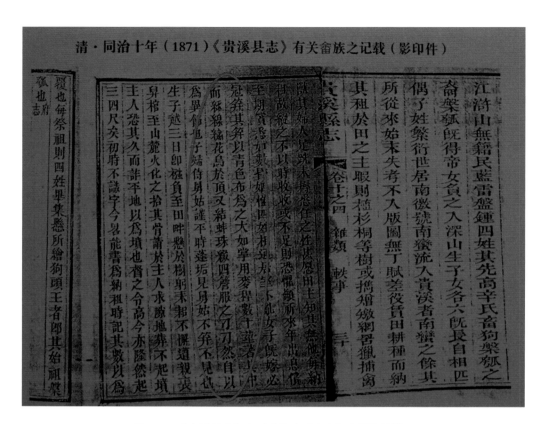

图 5-1　《贵溪县志》中对清代贵溪畲族妇女服饰的描绘

畲民的节日服饰比较鲜艳。因地区不同，式样有所差异。男人穿大襟褂和直筒裤，襟边和袖口缀有花纹。妇女穿的衣服大都为绣花衫裙，图案为各种花鸟及万字纹或云头纹，富有民族风格，色彩非常鲜艳美丽。妇女喜插银质或白铜钗。

结婚有礼服，新郎为红顶黑缎官帽，青色长衫，襟和胸前有一方绣花龙纹，黑色布靴；新娘着五色衣裙，绣花鞋，冠以头饰。有的地方畲族女子结婚还头戴"凤冠"，插有银簪。

畲族服装和饰物是美丽的。但旧社会畲族人民终年辛劳却不得温饱，常年只能穿着"褴褛衣衫"，"男女椎髻跣足"，这样的记载汉文献资料上是不少见的。由于长期与汉族杂居，现在青年男女的装束与汉族基本上没有差异，衣料也很讲究，只有在交通不便的大山区，年老畲民在装束上还保持一些本民族的特色。

在鹰潭市政府组织编写的《贵溪樟坪畲族志》评审稿中，记述有贵溪畲族曾经的服饰风貌，与周沐照先生所述相仿。但书中提到两个服饰细节，一是"已婚妇女头发向后梳，在脑后盘成螺状髻，发际饰以二寸许的角状螺垂形（编者按：疑为锤形）竹筒，以示爱情忠贞不二。"二是"第一次国内革命战争时期，文坊、花桥等地有国民党驻军设卡，畲族妇女外出倍受刁难，衣着不得不改为汉族妇女装束，盘髻于后，横插银钗，居村寨者，则多一镶边蓝头巾。"

以上描述说明了江西畲族头饰的外观及象征意义，同时提供了江西畲族服饰变迁过程中的原因。

图 5-2 的史料图片，真实地反映了近现代畲族服饰的情况。至迟到 1990 年，畲族妇女的头饰还是以花边巾覆头为主。而后开始向浙江丽水的额前纺锤形头饰转变。

中南民族大学为樟坪畲族设计的民族服饰里呈现出很多浙江丽水地区畲族服饰的元素，如女性头饰和围腰形制（图 5-3）。

1990年10月，参加闽东畲族文艺节的贵溪县（樟坪）代表队（舒承林摄）

下两图为樟坪畲民雷良海一家四代参加"中国畲族民歌节"比赛，荣获"中国畲族十大民歌王"称号
（雷燕琴摄）

图 5-2 《贵溪樟坪畲族志》中所载照片资料——近现代畲族服饰演变

图 5-3 《贵溪樟坪畲族志》中所载照片资料——中南民族大学设计畲服

畲族服饰在现代服装设计应用中很突出地表现在历届畲族领导的着装上，如图 5-4、图 5-5 所示，无论是樟坪乡党委书记雷纪文，还是新任乡长蓝国平，都着"新畲服"示人。

图 5-4 《贵溪樟坪畲族志》中所载照片资料——樟坪乡党委书记雷纪文

图 5-5 《贵溪樟坪畲族志》中所载照片资料——樟坪乡乡长蓝国平

5.1.2 江西畲族服饰田野调查

2012 年夏天，调研团队有幸得到《中国民族报》蓝希峰编辑的帮助，引荐了江西省民族宗教事务局的蓝祥平处长，经蓝处长的推荐和安排，团队顺利来到了比较有代表性的贵溪市樟坪畲族乡。

乡长蓝国平先生介绍了樟坪乡的情况，樟坪乡包括两个畲族村、两个汉族村，其中畲族主要来自三个地源：浙江、福建、江西铅山。蓝乡长对畲族的评价是"勤劳"、"勇敢"，勤劳主要是因为畲民自古开山辟田，养成辛勤劳作的习惯；"勇敢"主要来自畲族外御强敌的历史和坚定的自身民族信念。对畲族为什么会被排外的原因，他有两个理解：一是源自畲族女性不裹足的习俗差异，导致畲族不被接纳；二是语言不同，虽然迁徙后的第二代、第三代移民因为必须融入环境而学会了当地语言，但在畲民迁移来的最初，语言不通已经影响了接纳度。

谈到目前畲族服饰的现状，蓝乡长多次用到"心疼"这个词。由于根据当地风俗，老人临终前会指定生前心爱之物随葬，所以现在很多文化遗产因随老人入葬而湮灭在历史的长河中。蓝乡长曾为抢救一顶畲族银头冠而赶至火化现场，却终因晚到一步亲眼看见精美的头冠随老人一起倏忽化为乌有而扼腕叹息。

团队采访了部分当地畲民，其中比较具有代表性的有：村里年纪最大的畲族老人蓝伙姝（女，1935年生），曾做过裁缝的畲族老人雷东贻（男，1942年生），当地称为"畲族歌王"的畲族老人雷良海（男，1938年生）和中年畲民雷相金（男，1955年生）。

蓝伙姝老人说新中国成立前常年穿传统服饰，新中国成立后就基本上不穿了。她说自己能准确判断出福建各个地区的畲服，并描述了她印象中儿时畲服的外貌（图5-6）。

如图5-7所示，老人亲自展示了传统"狗耳巾"的扎法。

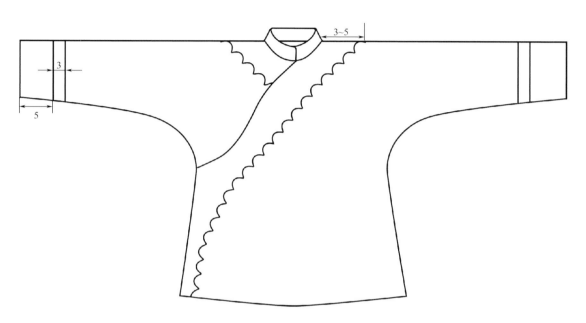

图5-6　据蓝伙姝老人记述所绘制的新中国成立前畲服外观（单位：厘米）

图5-7　蓝伙姝老人演示"狗耳巾"穿戴方法

如图5-8所示，是蓝伙姌的儿媳蓝菊花（1966年生）新做的一件畲服，这是村里妇女参加畲族传统文艺活动"竹马舞"时的统一着装（图5-9）。

图 5-8　蓝菊花（右二）新做的畲服

图 5-9　畲族传统文艺活动"竹马舞"

老先生雷东贻（1942 年生，老家是浙江兰溪）大约从 1965 年开始做了 15 年裁缝。他说当时畲汉服装并无区别，区别主要在于妇女头上包头巾或戴"gie"（畲语，即"髻"，指畲族传统头饰），花头巾扎在脑后，类似电影《地道战》里的毛巾的扎法。他推测以前畲族妇女平时包头巾，访客时戴"头髻"。强调民族传统服装（畲服）是在改革开放之后不断加强，通常是在平常衣服基础上加些彩带。雷老先生的母亲会织彩带，虽然手工织带是畲族的特色，但江西一带却没有这个习俗，比起浙江，江西的畲族特色退化的更多。以前畲族头巾是石灰防染形成图案，这是铅山地区的特色工艺，从 50 年代以后不再使用防染工艺。汉族也戴头巾，但方式略不同。头巾从新中国成立前流行至最晚 20 世纪 70 年代，后开始式微。以前使用的工具主要是缝纫机和烙铁。缲边机是 20 世纪 70 年代以后才开始在乡镇县城里出现。1965 年时，只有裁缝才有缝纫机，价格为一百多元，而当时普遍人均全年收入不到一百元。给人做一套衣服价格从几角到一元，最多每天一元八角。一件棉衣需耗时一天。那时款式比较单调，最隆重也就是中山装，做裁缝的基本上是汉族人。

他认为畲汉的最大区别是语言和年节的风俗。畲族比较有特色的风俗一是婚嫁时的"哭娘"，二是平时的对歌——歌词现场发挥，四句一段，曲调固定，有点类似壮族刘三姐的对歌形式。

雷老先生对"神犬（盘瓠）灭番"的传说很熟悉且认可，说畲民不能吃狗肉。他认为包头巾的习俗与盘瓠传说有关，是缘于狗王避丑。女子着围裙较多，他推测是由于劳动方便和遮羞的原因，不过主要还是围裙适用于畲族生产劳动的习惯，所以广泛流行于畲族地区。

据村民所述，20 世纪 90 年代，在贵溪曾经有一位制作畲族服饰的裁缝雷东贻。雷师傅的儿子当时年纪约 50 岁，任鹰潭民族宗教事务局的局长。雷师傅本来在乡镇企业办公室从事会计工作，20 世纪 90 年代搬出贵溪后就再也不做畲服了。雷师傅以前做畲服，工价为一天一块钱，一件衣服一般需要两天完成，工价再加上衣料成本，一件衣服价格总共 6 元到 8 元。

如图 5–10 和图 5–11 所示是贵溪市樟坪畲族乡当地居民的冬装和夏装。

被称为"畲族歌王"的雷良海老先生算是当地最见多识广的畲族老人，对畲族近现代的历史变迁如数家珍。自述儿时家中欠债，"下无片土，上无片瓦"。1949 年"朱毛"（朱德、毛泽东）来了，"平粮下寨"，自己才有机会念书，读到小学高年级。当时畲民着"便衣"（大襟衣）和头巾，畲汉服装并无大异，唯有头巾有区别，畲民的头巾用自织土布制作，约 50 厘米宽、170 厘米长。1959 年以前当地畲民过年做新衣，都是到黄思村请裁缝手工缝制。

图 5–10 贵溪市樟坪畲族乡当地冬装

图 5-11　贵溪市樟坪畲族乡当地夏装

雷良海老先生有两套 2000 年之后做的畲服（图 5-12），100 多元钱一套。乡里补贴三分之一，自己出三分之二。

图 5-12　着畲服的雷良海老人

雷老先生说新中国成立前男性扎头巾，已婚妇女梳高头髻（图 5-13），未婚女子梳辫子。新中国成立后男女同扎狗耳巾（图 5-14），头巾一角钉一个铜钱。最晚到 20 世纪 50 年代，老人去世的时候还以老式

图 5-13　《贵溪樟坪畲族志》中所载照片资料——妇女头饰（右图：王陵波摄）

图 5-14　《贵溪樟坪畲族志》中所载照片资料——男子头饰（1966 年前后）

头饰入葬。这与清·傅恒《皇清职贡图》题记："妇以蓝布裹发，或戴冠状如狗头，短衣布带，裙不蔽膝。常荷锄跣足而行，以助力作。"相吻合。

2004 年 7 月 10 日，雷老先生曾到南昌大学客赣方言与语言应用研究中心教了 15 天民族语言发音，他说 2008 年三月三曾举办过一次浙、闽、赣、皖、粤五省活动，当时从安徽和广东来的畲民都不会畲语，穿的服装基本都是红蓝花色的花边衫。

雷相金先生（1955 年 3 月生）自述儿时见过传统畲服，20 岁时下地干活，也是着长及小腿的围裙。如图 5-15 所示，这种围裙用料 1 米，完全没有边角料剩余，可达到 100% 利用。

以上访谈勾勒出了畲族服饰在樟坪乡随历史变迁的历史轮廓，呈现了其在不同历史阶段社会文化影响下的不同风貌，也透露出畲服在樟坪畲民生活中所起的维系民族认同（体现盘瓠形象）、服务生产生活（适应农耕采集需要）等精神和实用功能，同时也暴露出其后续发展内蕴不足的隐忧。

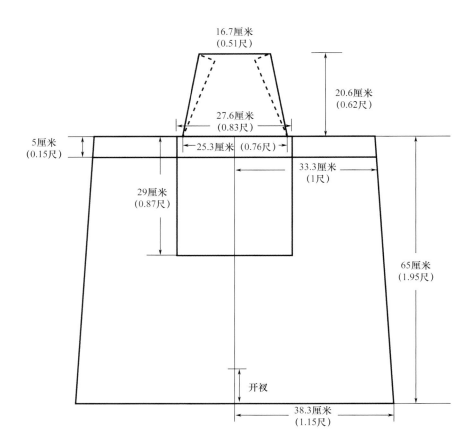

16.7厘米
(0.51尺)

20.6厘米
(0.62尺)

27.6厘米
(0.83尺)

5厘米
(0.15尺)

25.3厘米 (0.76尺)

33.3厘米
(1尺)

29厘米
(0.87尺)

65厘米
(1.95尺)

开衩

38.3厘米
(1.15尺)

图5-15　贵溪市樟坪畲族乡当地的围裙

　　武装部长胡小平先生认为应该从政府层面推广畲服：干部穿畲服作为表率，所有乡民人手配发一套畲服，饭店等畲族旅游窗口的服务人员要穿着畲服作为工作服等。胡部长同时也表示，要求畲服真正适应当下的生活，同时代表畲族文化，真正让畲族服饰"活"起来，让大家自发自愿穿畲服。当地畲族村民说，如果"大家都穿（畲服），自己平时就会穿，就不会觉得尴尬"了。

　　可见虽然受现代文化环境的制约，当地畲民内心对畲服的接受程度还是比较高的。

　　团队离开樟坪乡临行之际，胡部长更提出对新畲服设计的殷切愿望：一、一定要变；二、不能单纯在时装上放一个图案或"畲"字，即不能太直白；三、要适应于当下的生活，让老百姓乐意穿；四、凝练"大畲族"文化、特色。他特别强调第三条和第四条要"以畲族独特生产生活活动为基础"。

5.2　安徽（宣城市宁国式）

　　安徽畲族人口13953人，主要分布在宁国市，宁国市畲族约占全省畲族的80%以上，有畲族行政乡（云梯）一个，其余主要分布于各省辖市。

　　清光绪五年（1879年）以后，从浙江桐庐、兰溪、淳安等县的部分畲族人迁徙落脚在安徽省宁国市云梯乡一带，成为安徽畲族的主要来源，另外还有来自福建省蒲城等地的畲族人，数量较少。散居在安徽其他地方的畲族人口，大多数是工作调动、学校分配或通婚联姻而来。

　　宁国云梯乡，又称云梯畲族乡，是安徽省唯一的畲族乡，下辖云梯、白鹿、千秋、毛坦四个行政村，

54 个村民组，总人口 6131 人，其中畲族人口约占 30%。该乡东南面和浙江安吉县、临安市交接，全乡总面积 51.1 平方公里，境内风景秀丽，生态旅游资源丰富，森林覆盖率达 80% 以上，是黄浦江、钱塘江、水阳江的源头之一。

2015 年 11 月 8 日，笔者走访了该乡下辖千秋畲族文化园。

千秋畲族村位于西天目山的脚下，东南面于浙江临安市横路乡接壤，全村面积 9.7 平方公里，下辖 12 个村民组，总人口 1200 人左右，其中畲族人口 860 人左右，占全村人口的 71%，是安徽省唯一的畲族村。2010 年 10 月 10 日，被国家民族事务委员会评为"全国少数民族特色保护村寨"（图 5-16）。

图 5-16　千秋村文化园入口旁墙面及园内都标识有"全国少数民族特色保护村寨"字样

进入村寨后，沿路前行，首先吸引我们的是道路左侧的畲族风情广场。如图 5-17 所示，广场正前方伫立着四根华表柱，上面雕刻着凤凰与麒麟的形象。柱子的顶端还有四个大字，分别是畲族的四大姓氏——盘、蓝、雷、钟。

图 5-17　文化园畲族风情广场

在村寨的装饰元素中，凤凰和麒麟的图案运用的非常普遍，在民居山墙屋檐下；千佛禅寺的大门两侧；文化礼堂的木门上……随处可见（图5-18、图5-19）。

图 5-18　民居山墙

图 5-19　千佛禅寺

凤凰的形象图案出现得较为普遍，广场中央的凤凰雕塑（图5-20）、民宅正面墙壁上的凤凰装饰（图5-21）等都是以中华民族传统的凤凰造型呈现。

图 5-20　农民文化乐园广场上的雕塑

图 5-21　民宅正面墙上的凤凰装饰

进入村寨，沿路可见建筑的外墙面上绘有反映畲族生活的壁画，越靠近村中心越密集（图5-22）。

壁画中反映畲族服饰风貌内容的以福建罗源地区的服饰样式为主，也有掺杂了其他地区和新式改良畲服元素的服饰样式（图5-23 ~图5-26）。

图 5-22　墙壁上绘有反映畲民生活的壁画——收割

图 5-23　千秋村壁画所反映服饰

图 5-24　福建罗源式服饰

图 5-25　壁画"纺织图"反映的服饰特征接近浙江
地区的服饰

图 5-26　千佛禅寺山墙上的壁画似"创新"服饰样式

　　千秋村村委会的墙上挂着两幅畲族歌舞的照片，照片中的服饰采用福建罗源式、福建霞浦式和浙江丽水式的装饰元素（图 5-27 ~ 图 5-30）。

图 5-27　村委会墙上照片之一（头饰为福建罗源式、
服饰前襟近福建霞浦式）

图 5-28　福建霞浦式畲族服饰

图 5-29　村委会墙上照片之二（头饰为浙江丽水式、服饰近福建罗源式）

照片上的内容引起了笔者的兴趣，为什么与浙江临安一衣带水的千秋村却会在服饰表象上与福建东部的罗源地区呈现出亲缘关系？在村委会畲族文化展览厅里，有关畲族迁徙情况提供了一种解释：宁国畲族人自认来源于福建和浙江两省，故服饰中兼具两地特色。

展馆中特设服饰一栏，然语焉不详，配图无处可考，其中右下角图片所示服饰明显为福建罗源式头饰和服装（图 5-31）。

沿路出村又见一些壁画，些许有异域风情，颇有几分藏传佛教的装饰意蕴（图 5-32）。

据云梯畲族乡党政办相关负责人介绍，为了弘扬畲族文化，该乡每年都举办"三月三"畲族歌会活动，通过畲族山歌、畲族婚嫁习俗、畲族舞蹈等节目，传承和弘扬畲族文化，展示畲乡新变化。

图 5-30　浙江丽水式

图 5-31　村委会畲族文化展览厅内畲族
服饰介绍展板

图 5-32　园内沿路壁画

　　譬如 2015 年云梯畲族乡"三月三"歌会暨安徽最美畲乡文化旅游周系列活动便是于当年 4 月 25 日在云梯乡千秋畲族风情园举行的。此次活动吸引了来自中国画学会的知名画家、宁国籍的省、市劳模代表以及来自各地的游客、摄影爱好者前来观光采风。从当时的新闻图片上，可以看出活动中演员所着的服装均为现代改良设计的畲服，色彩鲜艳、富于装饰（图 5-33）。

　　在关于云梯乡千秋畲族村的另一篇报道中，提到了千秋村雷村长对现在畲民生活的看法："变化很大，村里一年比一年富裕，生活一天比一天好。以前只有番薯丝、粗菜，现在想吃鱼就吃鱼，想吃肉就吃肉。基本上每户人家都有电视机、电话机，有些人家还有电脑可以上网，大部分人家造起了洋楼。光轿车就有几十辆，最好的是'宝马'，普通的小货车几乎家家都有，是当作扁担来用的。以前穿的是破烂衣裳，现

图 5-33 2015 年云梯畲族乡"三月三"歌会暨安徽最美畲乡文化旅游周系列活动

在哪还会有人穿补过的衣服啊？"可见畲民生活发生了根本性的变化，除了经济生活水平的提高，他们的生活方式状态也从乡村生态转化为城镇生态。可以想见，原来与采集、农耕相适应的畲族传统服饰失去其生态依存，而转化为仅仅作为畲族身份认知的符号，又因其使用场合主要与旅游活动有关，而染上了舞台服装的矫饰风格和旅游产品的商业气息。

5.3 贵州（麻江县六堡式）

贵州畲族在 1996 年 6 月贵州省人民政府批准认定前，称为"东家"。其先祖入黔前居住在江西赣江流域及赣东、赣东北一带，其先祖多是元末、明洪武年间，或奉旨征讨、迁徙，或避祸而迁入贵州。"东家"人自赣入黔落贵定平伐一带，后迁居川黔各州府，遂越益分散。由于历史上统治阶级的残酷镇压，部分"东家"人被迫融合于其他民族。新中国成立后，"东家"人安居乐业，但长期的民族族称未能得到合理解决，有的地区的"东家"人申报为其他民族。1995 年召开了有黔南州、黔东南州、都匀市、凯里市、福泉市、麻江县等县市领导、专家学者及"东家"人代表参加的"东家人民族认定座谈会"，听取了考察团赴广东、福建、贵州考察情况汇报，经过分析比较和论证，认为"东家"人与瑶族的族源、习俗等相差较大，不属同一民族，而和畲族族源相同，都是百越的后代，都同在粤、闽、赣交界山区开发和繁衍生息，虽然历史变迁，"东家"人和畲族生活地域相隔甚远，但语言文化、习俗、服饰、婚丧嫁娶等保持着基本相同的形态，属于同一民族群体。贵州省人民政府于 1996 年 6 月 13 日以黔府函（1996）144 号文件作了批复，同意认定"东家"人为畲族[38]。据第六次人口普查（2010 年）统计，贵州畲族有 3.66 万人，主要聚居在黔东南自治州麻江县、凯里市，黔南自治州都匀市、福泉市[39]。贵州畲族服饰，因居住地区不同而略有差异，以占贵州畲族人口绝大多数的麻江县六堡式畲族盛装服饰最具代表性。

贵州省畲族服饰，民国以前保存完整，具有浓郁的民族特色。妇女的衣服多是自己纺纱织布自己用，据清康熙年间《贵州通志》载："东苗……男髻，着短衣，色尚且兰（蓝），首以花布条束发。妇着花裳，无袖，惟遮复前后"。民国《贵州通志》记载："男子衣用青白花布，领缘以土棉。妇人盘髻，贯以长簪，衣用土棉，无襟，当幅中孔，以首纳而服之……"。到了近代《都匀县志稿》云："东苗……服饰类汉族，惟女皆青色带，着青色裤，项戴银环，不着裙"。显然，虽然畲族人服饰随着时代发展而变化，但至今仍保留着"色尚蓝"、"形贯头"等古代服装特征的痕迹。据七八十岁的老人回忆，畲族几十年前服饰与当代迥然不同，那时穿着自制的青、蓝土布，男子长衫长袖并腰扎青布腰带，或着短汗衫，布纽扣，下穿大裆便裤，从裤带由内往外吊一个用来装烟或打猎时装铁沙盒子的"蜡盒"。女子着装是自绣无领花排肩长袖"父母装"，袖口绣有一圈 15 ~ 20 厘米宽的花边，衣长过臀部，腰系一条绣花围腰，用银链制作腰带，下穿粗料青布裤子。平时男女赤脚或穿草编的草鞋，逢年过节或走亲串寨，穿上自做绣花船形、鞋尖猫鼻的布鞋。妇女佩戴银饰手镯、项链、耳环。中年妇女和姑娘的发式各有不同，已婚妇女把头发梳向后侧挽成髻团，并用马尾等做成网子如拳头大小，梳成发团插上发簪，包上藏青色长 2 米（6 尺）、宽 33 厘米（1 尺）白底蜡染兰花头帕。头帕两端各镶以红、绿两道饰边，下垂红色缨须，长约 33 厘米（1 尺）。有的已婚妇女挽髻，将头帕（包头）正中的碗底团花盖于头顶，由左右两边分别缠绕，缨须朝后张开，俨然如凤展翅。姑娘头部用一根有色头绳扎实梳在后侧，并梳成独辫。中老年妇女、姑娘小腿包蜡花白绑腿。小孩身着小青长衫或短汗衫，头戴狗耳状并佩有银饰于前檐的布帽[40]。

贵州畲族原为"东家"人，"凤凰衣"原来称为"东家"衣。"东家"人认同为畲族后，有文人从"东家衣"上众多的鸟纹图案以及"东家衣"的来历传说联想到闽浙地区畲族人的"凤凰装",傍着"凤凰装"给其冠以"凤凰衣"之名。随着民族文化旅游的大发展,"凤凰衣"之名被广传,也逐渐被当地的畲族群众所接受,久而久之,"凤凰衣"之称呼便代替了"东家"衣。贵州畲族凤凰装 2008 年被列为省级非物质文化遗产保护名录,六堡村现在还有人会制作[41]。

如图 5-34 所示,麻江畲族女盛装分为大襟右衽式(如图蓝色衣)和交领式(如图黑色衣)两种。大襟右衽式盛装,上装是右衽大弯襟青蓝土布硬边花衣,在背、肩、胸、右弯襟和袖口处多镶花边,配缠青蓝布腰带或系花围腰,下装为旧式普通长裤,仅在裤脚口镶有花边装饰[42]。

图 5-34　麻江市场上贩卖的麻江畲族女盛装

男装主要是以藏青色和蓝色长衫为盛装,在长衫腰部系腰带。穿盛装时,男子头部用长 4 米(1 丈 2 尺)、宽 40 厘米(1 尺 2 寸)的藏青色或蓝色的家织布缠绕。男盛装多在重要活动和喜庆节日里穿着(图 5-35)。便装主要是对襟短衫,无腰筒裤,无装饰,便于平时的劳作。新中国成立后畲族服饰逐渐改变,20 世纪 80 年代后,大都穿现代装。

如图 5-36 所示,麻江交领式畲族盛装,无领,据记载原为左衽,现在多为右衽,袖由两部分构成,衣袖长过臂与衣身连裁,接袖袖长约 26 厘米(8 寸),接袖由蜡染和刺绣两段组成,蜡染段为白底蓝花,刺绣花纹段分上中下三部分,上下两边多为"寿"字纹、梅花纹,呈对称分布,有花边装饰作用,中部为花纹图案,多以牡丹、月季为主。麻江畲族盛装上衣相比其他畲族服式最有特色之处在于叠穿的着装方式,一般为三件、四件或六件,一次裁剪,面料为藏青色家织布。每件衣服的下摆和衣角均有红、白两条刺绣花边装饰,内长外短,外面衣服总要比里面衣服短约 7 厘米

图 5-35　麻江大襟右衽式畲族盛装

图 5-36　麻江交领式畲族盛装服饰[57]

（2 寸），以露出里面衣服衣摆上的花边为宜，目的是向人们展示其绣品的技艺。盛装外系一条丝织的靛蓝色的腰带，腰带长 4 米（1 丈 2 尺），两端留有 16.5 厘米（5 寸）长的流苏。下装着大裤脚的大裆裤，藏青色，裤长及脚踝，裤口宽 46 厘米（1 尺 2 寸），并镶有一道宽约 7 厘米（2 寸）彩色桃花纹样的花边。小腿裹白底蜡染绑腿，脚穿绣花船形翘鼻鞋。

麻江交领式畲族盛装配有银饰品，主要有银簪、大银花、小银花、银耳坠、银项链、银手镯、银戒指等。麻江发式类似于江西畲族发式，麻江畲族已婚妇女梳髻，未婚女子梳独辫盘于头顶，均盖白底蓝花的蜡染头帕，头帕长 2 米（6 尺），宽 33 厘米（1 尺），两端镶红、绿两道花边，垂红缨须，头帕正中贯以绿色珠子，以头帕正中位置盖于头顶，头帕两端分别从左右缠绕，缨须系于脑后。

童装如图 5-37 所示，无论男女童皆为无领大襟布纽扣衣，青色或蓝色，衣长过臀部。女童戴"箍箍帽"，帽无顶，帽沿内塞棉花，宽 5 厘米（1.5 寸），两耳处稍宽，除脑后外其余均有刺绣装饰[43]。

图 5-37　麻江式畲族儿童盛装

虽然贵州畲族的服饰特征保留较为完整，但其演变仍值得关注。曾祥慧先生曾在文中提到："全国第九届少数民族传统运动会上，贵州畲族的'阿扎猛'表演项目的服装就是完全用了闽浙地区畲族的凤凰头装饰，没有一点贵州畲族的服饰文化影子"[41]。如图5-38至图5-40所示，人民网贵州频道新闻图片所示，麻江畲族服饰的色彩、面料、款式都在悄然发生着变化。

图5-38　麻江畲族粑槽舞

图5-39　畲家歌《六堡畲寨请你来》

图 5-40　麻江畲族武术

5.4　广东

畲族是广东早期的居民之一，隋、唐时期就已定居在粤、赣、闽三省交界地。闽、浙地区的畲族一直流传自己的祖居地在广东潮州的凤凰山。据 2000 年全国第五次人口普查，广东畲族 28000 余人口，主要分布在广东省的 14 个市、县内。具体分布在潮州市的潮安县、饶平县；河源市的和平县、连平县、龙川县；河源市郊区东源县的漳溪畲族乡；汕尾市的海丰县；梅州市的丰顺县；惠州市的惠东县、博罗县；广州市的增城市；韶关市的南雄县、始兴县；乳源瑶族自治县等地。

新中国成立以前，广东畲族人口一直不断地流动迁徙，只留下罗浮山的增城、博罗；莲花山的惠东、海丰；九连山的河源、连平、和平、龙川；凤凰山的潮州等目前被视为较大的畲族聚居区。其他人口则分别散落在各市、县、乡村之间，形成了一个"大分散、小聚居"的分布格局。1999 年 7 月 7 日，成立了河源市东源县漳溪畲族乡，是广东唯一的畲族乡。

1955 年，统计当时全省畲族人口为 1321 人。从 1955 ～ 1982 年的 27 年间，畲族人口净增长人数为 1844 人。1988 年以来，韶关市的南雄、始兴、乳源等地以及河源市郊区及东源县、和平县、连平县、龙川县等地部分蓝姓群众经民族工作部门调查识别，并报经上级政府批准，先后恢复了畲族的民族成分。因此 20 世纪 90 年代畲族人口大增，到 2000 年，广东畲族人口共 28000 余人[44]。

广东省畲族虽然在历史发展的长河中占据了极其重要的历史地位，但其自身特征深度淡化，如图 5-41

图 5-41　《广东畲族研究》所载照片资料

所示[45]，广东畲族的着装在 20 世纪 90 年代以前就已完全汉化。据文献记载，畲族过去是"男女椎髻箕踞，跣足而行"[46]。至近现代，广东畲族男女服饰与汉族无异。据六七十岁的老人回忆，他们前几十年穿的服装与现在大不一样，汉族也是这样。他们年轻时穿着服装以青、蓝土布为面料，男子上身着对襟、布扣或铜纽的传统中式服装，下穿宽大高腰的便裤；妇女则穿着大襟右衽、布扣或铜纽，衣长过膝盖的上衣，下穿便裤，在衣的襟边和袖口、裤口镶以数条不同颜色的花边，作为装饰。妇女常赤足，过年过节或回娘家才穿绣花船形鞋。姑娘头发梳成辫，系红头绳，额前留逗郎毛（刘海儿）。已婚妇女把辫盘成髻，盘于后脑，插以银簪，盖上各式头帕。妇女多配戴银质耳环、手镯。目前，龙川和潮州的少数畲族老年妇女还保存有这类服饰。现在，各地畲族男女服饰都被现代的时装所取代。[62]

据老人回忆，过去是男耕女织，种苎麻纺纱织布，蓝靛染色，手工缝制。清代，着长袍马褂，留长辫，有官职者按官阶佩戴帽缨，着马蹄袖长袍。妇女，衫长过膝，大襟无领，以不同颜色的布条镶边为装饰；裤宽阔，鞋绣花呈船形，耳戴银坠，手戴银镯，头盖绣花帕巾。至民国以后，衣着全部汉装，尚青、蓝、黑三色的粗布衣，无装饰[47]。

第六章　畲族服饰文化生态系统及其可持续传承

自古以来，畲族所处的地区山脉纵横，"莽莽万重山、苍然一色，人迹罕到"，使得早期畲族与世隔绝，受外界干扰少，独特的民族服饰特征得到了延续和保持。然而随着时代演进，特别是随着交通和传媒技术的更新和推广，畲族与其他民族的双向、多向交流日趋频繁，广度和深度不断拓展，交流的内容与形式也日趋多元，以往由地理环境自然形成的畲族原生态文化保护屏障日渐消失，畲族传统文化包括服饰文化在现代化浪潮的冲击下正在快速嬗变。在这样的背景下，对其文化生态系统进行解析，进而找出供给其生命力的文化内核和发展演变规律，是畲族服饰及其文化以可持续发展的方式传承下去的首要任务。

6.1　畲族服饰的原生态文化系统

作为物质文明和精神文明的双重表征，畲族服饰既反映了畲族人民的生活环境、生产方式等自然及技术状态，也折射出畲族人民内心的民族意识、宗教情结、社会观念以及审美倾向等，体现着自然生态系统与人类文化生态系统的相互关系与作用。

6.1.1　"物我为一"的自然观——观照世界的思维范式

庄周有云"天地与我并生，而万物与我为一"。畲族对环境概念的认识，即为这样一种"人与自然和谐相处，万物均可为我所用"的观念。畲族人从来没有把环境看作是自己的对立面而想要去改造和征服它，而更多的是把它看作自己生活中的一部分。畲族人对大自然十分了解，也善于利用自然资源，畲族最为盛大的节日"三月三·乌饭节"所纪念的正是传说中的英雄食用山上神叶泡饭后获得力量的故事。直到如今，每到三月三，畲民还是会上山采乌柏树的枝叶来泡制乌饭，煮出的糯米饭乌黑油亮、香甜可口。

据《后汉书·南蛮传》载，畲族先民武陵蛮"织绩木皮，染以草实"。在畲族传统服饰中，能看到畲民对自然界的了解和对自然资源的利用。畲族在历史上曾被称为"菁客"，以善制染料青靛闻名。目前畲族服饰色彩主调或青或蓝，连宗教服饰也是以青色为尊，这与畲民善制菁不无关系。

提取青靛的蓼蓝亦略称为蓝或靛青，是一种一年生的蓼科草本植物，如图6-1所示。蓼蓝虽然叫"蓝"，但他的花色却是紫红色的，而叶子为绿色，让人无法想象它与蓝有任何关系。然而古代畲民却在与大自然不断接触的过程中积累经验，通过使用酒糟和石灰来发酵水解蓼蓝，制造蓝靛。包括蓝靛在内，畲族总结了一系列从植物中提取染料的经验，如前文所述"黄籽"（图3-20）染黄色；毛竹烧成灰后染黄色；枸杞染红

图 6-1　蓝靛

色；皂栎染黑色等。

"畲"意为"火耕，焚烧田地里的草木，用草木灰做肥料的耕作方法"。正如畲族人以一种随性的心态，坦然地接受和使用大自然的馈赠。他们量出为入，按需为取，成为其集体无意识，但他们居住的地方却多山水秀美、生机勃勃，环境与他们不分你我、天人相合。

6.1.2　"盘瓠信仰"的民族观——民族身份认知方式

如第一章所述，畲族服饰的演进一直是与周边民族服饰及其文化相互作用、相互渗透。虽然其血缘保持了相对的稳定，但是包括服饰在内的文化层面存在着跨族融合。唐朝的苗瑶同源、宋元之际的百越合盟、明朝的稳定相化、清朝的半染华风，都证明了没有纯粹的畲族服饰。但与此同时，盘瓠崇拜作为畲族人民内心的民族认知心理，跨越千年仍然深刻遗留于畲民族文化中。各地畲族新娘沿袭盘瓠之妻三公主的装束着"凤凰装"，她们用红头绳扎的头髻，象征着凤髻；福建福安式女盛装最为突出的特色即为大襟腋下端（服斗）系带处绣花的角隅花纹（图6-2），据说是模仿当年高辛帝赐给盘瓠王封印的一半而制；江西樟坪的狗耳巾（图5-7）据说是模仿盘瓠犬首而来。畲族服饰始终贯穿着盘瓠情结，使得它具有了鲜明的民族性，与其他服饰区分开来。

而深究盘瓠情结，我们不难看到畲族人对民族自豪感的诉求。正如前文所述，畲族是一个杂散居的少数民族，与作为中国主体民族文化的汉族传统文化相对而言，畲族传统文化是一种弱势文化，而承载着盘瓠和三公主信息的畲族盛装因为起到了传播祖先英勇事迹、彰显民族精神、提升凝聚力的文化功能，因而受到畲族人民的普遍认可和喜爱。

图6-2　福安式女盛装角隅花纹

6.1.3　"物尽其用"的消费观——乡村小农经济形式

如前文所述，虽然学界和坊间常以县城名称为各地畲服款式分类命名，如福鼎式、罗源式等，但畲族服饰样式的划分往往并不以城镇区划为界，而往往以畲民活动的边界——城关（市区）为界，不同城镇之间广大山野为其生息劳作之地，例如跨越省界的福建福鼎和浙江苍南畲服形制相同。盖因从地缘上讲，福鼎北部紧挨苍南南部，畲民不分彼此，无论是语言还是服饰，都如出一辙。而同属霞浦的畲族服饰却以市区划分为东西两路：西路式（霞浦式），流行于县西、南、中和东部一些畲族村庄；东路式（福鼎式），流行于县东部水门、牙城、三沙等地大部分畲族村庄。显然，长久以来，畲族主要生态文化区域是城镇之间的山村乡野，其文化形态是与城市文化迥然不同的乡村文化。

基于中国乡村农业生产精耕细作的传统，也基于对地球资源有限性的认识，畲族人民在设计制作服装服饰时始终贯彻着"物尽其用、精工细作"的原则。绝大部分畲族服饰品都明显地体现出作者在设计之初就考虑到了如何对资源进行更加充分地利用。如景宁式出嫁套裙（图6-3）、三角布绑腿（图6-4）和各地矩形围裙都是零损耗用料。

相对于服装，包或袋的设计受人体约束较少，设计更加自由，能够更加直观地体现出设计者的思路。畲族各地传统包袋造型各异，但都不约而同地采取了零损耗的用料方式，体现出"物尽其用"的设计理念。如图6-5所示，桐庐莪山畲族提袋结构十分巧妙，是用两块矩形的面料斜拼而成，留出的两个角打结后即为便于拎提的手柄。

图 6-3　景宁式出嫁套裙❶

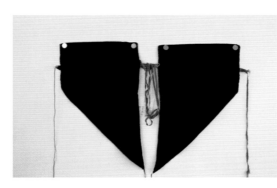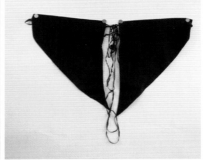

图 6-4　423 号❷和 773 号❸三角布绑腿

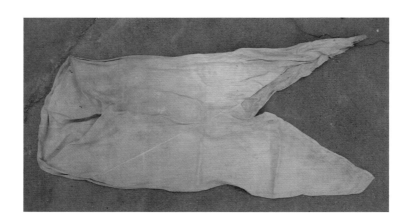

图 6-5　桐庐莪山畲族提袋

---

❶　征集于景宁郑坑吴村雷一高，1998 年收藏于浙江博物馆，裙长 64 厘米，腰围 62.5 厘米。

❷　征集于景宁外舍王金洋兰龙花，1998 年收藏于浙江博物馆，清代制作，长 40 厘米，宽 26 厘米。

❸　征集于景宁大均伏坑雷秀花，2001 年收藏于浙江博物馆，民国期间制作，长 40 厘米，宽 30 厘米。

6.1.4 "适材适所"的适配性——与生态系统的适应关系

6.1.4.1 服饰与自然环境之间的适配性

畲族从有文字记载起，就生活在山脉纵横、丘陵密布地带，气候温暖湿润。迁徙到浙江南部后也多居于山区的山腰地带（图6-6），紧靠北回归线北面，气候属于亚热带湿润季风气候，居住形式十分零散，与汉族交错杂处，形成"大分散，小聚居"的分布格局。服饰的物质构成适宜于其生活的地理和气候条件。例如：畲族传统服装面料多采用高强度的韧皮纤维苎麻，结实耐穿，同时由于麻纤维吸湿、放湿、透气性很好，适应于浙江畲族地区生态环境中的潮湿气候以及夏季的炎热天气；畲族有谚语云："吃咸腌，穿青蓝"[32]，畲民长期居住在山清水秀的丘陵地区，审美情趣因而趋于清爽简洁，因此畲族服饰色彩常用黑色、蓝黑色等颜色；在织锦带纹样中，按当地畲民释义撷取出来的符号沿顺时针方向依次意为"怀孕/太阳"、"鱼"、"阳光/吉祥"、"蜘蛛"、"田"等（图6-7），这在一定程度上反映了其山间生活。

图 6-6　居住环境

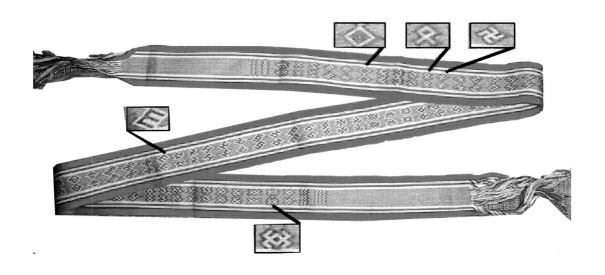

图 6-7　浙江畲族织带上的传统纹样

一方水土养一方人，是以"凡民函五常之性，而其刚柔缓急，音声不同，系水土之风气，故谓之风；好恶取舍，动静亡常，随君上之情欲，故谓之俗"[48]。畲族在福建、浙江、安徽、江西、广东广为分布，自然环境各有不同。在不同地域的畲民，由于当地生态情况迥异，往往在服饰特征上也有所不同。例如，浙江丽水景宁的畲族因为主要生活在山区，当地盛产苎麻，加之气候温暖，温差较小，故"皆衣麻"；而福建古田的畲族，主要聚居在平坝，以种植棉花为主，故其制作服装选用的衣料以棉布为主，"妇以蓝布裹发……短衣布带"[49]。另外，不同的地缘文化也对畲族服饰的演变造成影响。居住在海边的福建省闽东地区霞浦县、福鼎县畲民的服饰图案多采用鳌鱼拜塔、双龙戏珠、鲤鱼跳龙门、刘海戏金蟾等具有明显海洋文化背景的题材；而内陆的福安式畲族服饰图案多采用折枝花草、凤穿牡丹、喜上眉梢等中原文化背

图6-8 福安畲族刺绣纹样

景的题材（图6-8）；浙江省温州凤阳县畲服图案则多用兔子、蜥蜴、老鼠、蝴蝶等山林农村文化背景纹样；又如浙江省温州地区的畲族服饰刺绣深受瓯绣的影响，而福建省闽东地区畲族服饰刺绣题材很多取自于福建木偶戏及闽剧。

6.1.4.2 服饰与人类生产生活方式的适配性

人类依赖服装御寒、自卫，而服装的设计又与人类生产生活方式相适应、相配合。畲族散居于属亚热带湿润季风气候的我国东南山区的山腰地带，在这样的自然环境里，畲族在明清以前主要是"随山散处，刀耕火种，采实猎毛，食尽一山则他徙"的游耕和狩猎并举的生产生活方式[18]。因生产活动场所主要是未开荒的深山密林，多荆棘枝挂，所以服饰品尽量简洁。可见当时畲族服饰"椎髻跣足"、"不巾不履"的特征是与畲民游耕和狩猎并举的生产生活方式相适应的。而目前畲族仍普遍保留的绑腿，也是适应山林生活的典型服饰品。

明清以后，畲民扩散到闽中、闽东、闽北、浙南、赣东等地，结束了辗转迁徙的生活，逐渐发展起以梯田耕作和定耕型旱地杂粮耕作为核心的生产模式[18]。由于生产活动的主要场所由林区转移到田地，故具遮阳功能的"巾"、"冠"、"笠"等头饰和具采集功能的"围裙"逐渐在畲族日常生活中占据重要位置。畲族传统女子服饰花边衫虽然受到汉族等民族文化的影响，但结构基本没变，造型并不宽大，而是相对窄身，腰间再佩以织锦围腰等配饰，显然与田间劳作和生活密切相关；青、黑色之所以一直为畲民所接受也是与畲族人民的生产条件相适应的，青、黑色可以用天然染料青靛染成；同时青、黑色与周边环境相互适应，既耐脏又利于隐蔽，对于农耕狩猎并举的畲族人民来说是最实用的选择。

6.2 现代主义思潮影响下畲族服饰文化变迁的动因

前文讲述，在特定时期的畲族服饰品曾经充当着畲族人民文化生活的重要载体，如今畲族传统文化生存的社会文化空间在不断缩减，畲民穿着畲服的场合与传统民俗事项逐渐疏离。脱离了原文化生态土壤的畲族服饰已逐渐退出畲族人日常生活，一定程度上从原来存在的生态体系中被剥离出来，单独作为民族身份标识应用于需要彰显民族性的特殊场合。其基于畲族传统民俗的传情达意等社会功能逐渐被抽离，工艺特色被逐渐淘尽，而其外观形象、审美情趣、装饰手法和民间传说等视觉图像和心理表征离析下来，演变成用来彰显民族身份的文化符号，在政府活动、旅游表演中结合当代工艺技术、设计美学和商业需求迎来多元化发展，起着弘扬民族文化、推动民族经济的作用。

6.2.1 机械主义的自然观——现代性的源头

机械主义自然观是近代哲学、科学及文化观念的核心思想，作为工业文明的一个有机组成部分，曾长时期统摄世界和人们观照世界万物的基本思维范式。

显然，机械主义自然观是与畲族传统"物我为一"的自然观相悖的思维范式，在现代思潮的侵染下，它悄然改变着畲族服饰赖以依托的生态文化环境。

自 1993 年开始福建省出台了"造福工程"，很多原来居住在山里的畲民向山下迁移，通过政府赞助买地建房，集合在汉族聚居的城镇边建成新村。田野调查显示，福建宁德市蕉城区飞鸾镇向阳里村经过搬迁后，平时几乎没有人再穿着畲服。

据 2010 年全国第六次人口普查数据显示，福建畲族总人口数为 365514 人，城市人口为 246449 人，乡村人口 119065 人，城乡人口比率为 1：0.48；浙江省总人口 166276 人，城市人口 107490 人，乡村人口 58786 人，城乡人口比率为 1：0.46。畲族的城市人口数量已经占据总数的一半以上，城镇化比例提高了 31.25%。

对民族文化产生更深广冲击的是城镇化之下畲族人自身生活方式和思想观念的转变。如今畲民在吃穿住行等方面的社会生活习俗都在发生变化，随着村里年轻人受教育水平提高，村里交通条件改善和现代传媒信息传播等影响，人们思想观念和生活方式都在渐渐改变，年轻人不愿意学或是没有时间来学习传统文化，人们更愿意选择现代城市人的生活方式……[31]。

诚然，人与自然分化后出现的这种机械主义自然观，曾一度标志着"世界的祛魅"（马克斯·韦伯语），消除了长期笼罩于人类认识世界过程中的迷雾，带来人类科学与认识的飞跃和发展，就像"造福工程"改善了农民的生活条件、为其带来交通教育各方面的便利，其贡献是不能抹杀的，并且在目前一些地区仍是有效解决实际问题的方法。

6.2.2　单面性的男性精神——现代性的强权意识

机械自然论的后果，不仅导致人对自然的"掠夺性的伦理观"和人类中心主义观念，而且还导致人际关系上男性精神的片面性膨胀，即将他者尤其是女性和"未开化者"当作客体，从而将其客体化、边缘化，"把世界的某些部分仅仅看作是全然缺乏内在价值和神圣性的客体"[50]。有学者还指出，欧洲的父权制由于要建立的是非自然和非女性文明，其世界观的核心"是一种文化恐惧，即害怕自然和女性的创生能力如果不受文化父亲们的管辖，将会是混乱无序的、席卷一切的"[50]。在民国的民族同化政策里，我们也能嗅到一丝父权制的恐惧（参见前文 2.2）。

这种单面性的男性精神也以强权的姿态，表现在现代文化所张扬的重契约轻习俗、重理性轻感性、重事实轻价值等理念中。某些近代特殊时期下的极端文化运动对传统文化血脉的肆意割裂已经造成世所公认的严重后时（参见前文 4.8），而在当代的文化生存空间中，这种强权还在起着作用，尽管很多时候这种作用是隐藏在"父权制"的"关爱"之下。

如前文所示，目前畲服的重要需求之一来自于畲族公众人物出席外事活动着装（参见前文 4.6）。即使服装设计制作工作者已经意识到传承传统畲服及其文化的重要性并为之努力，但现代畲服设计的真正决定权却往往并不在他们手中，而在于穿着畲服的公众人物本身。这些公众人物与主流汉文化接触较多，受其影响较大，这促使汉族审美意识和标准较深地渗透到畲服当中，促进了畲服的汉化（参见前文 4.1）。

客观地说，如果说拥有权力和影响力的人群能够身体力行，重视和弘扬民族文化，产生的作用是积极的，但在弘扬的过程中应特别重视被施加权力的弱势群体的心理感受和接受意愿。调研团队在 2016 年 3 月对某畲族民族中学畲族学生的服饰文化认知和现状进行了半结构式访谈和问卷调查。调查显示，学校（或当地政府）要求畲族和汉族师生在校或参与民族活动时要穿着畲服，但遗憾的是即使身在民族学校，畲汉师生在"畲族服饰"和"汉代服饰"的对比中，选择"畲族服饰"的比例很低（畲族学生为 10.8%，汉族学生为 7.9%）。不仅教师及汉族学生均约半数倾向现代服饰，畲族学生选择现代服饰的比例（29.7%）约为选择畲族服饰（10.8%）的三倍，对现代服饰的倾向性非常明显。有受访者表示："（畲族服饰）不适合非畲族人"、"不应该单是为了上个节日什么的才穿"。可见强权所推动的服饰普及即使达到了表面上的繁荣，

图6-9 旗服式的新云和畲族盛装

却很难带来真正意义上的接纳和喜爱。

生态后现代主义正是要深刻地检省这种单面性现代精神维度的缺失，呼唤女性（自然）精神的回归，构建人类内在精神结构的合理框架，使人类社会能够持续健康行走。

通过田野调查，我们也能感受到畲族服饰自身的生命力。例如前文所述福建罗源式畲族服饰，虽然大量利用工业批量生产的机织带，但并没有削弱民族风格，而是使之更加鲜明灿烂（参见前文4.5）。

与此同时，如图6-9和图4-8所示，调查显示出另一种与南山村畲民的固守不同的畲服生命力。旗服马褂式云和装❶、搭配中东肚皮舞腰链的福安装，呈现出信息交换日益便捷的当下传统服饰所受影响来源的多元化。诚然，正如福建"盈盛号"金银饰品有限公司经理林贤学所说"纯粹的畲族银饰是不存在的"，畲族服饰的发展演变历程告诉我们它从来就是与周边民族相互交流的结果。但笔者认为应如兰曲钗师傅般注意遵循畲族服饰原有的文化内涵以及畲民的审美心理，避免损伤畲族服饰中长期积淀下来的内在价值。

对于畲族服饰文化的下一代传承，笔者在宁德市蕉城区飞鸾镇向阳里村调查中的经历或可启发（参见前文4.4）。传承畲族服饰文化的关键不仅仅是保留服饰本身，而是珍视畲族人民倾注其上的热爱和智慧。要弘扬少数民族服饰文化，不能靠政治上的强压，也不能单纯凭经济上的扶持，而往往是需要发自内心的对处于弱势的少数民族文化存有热爱尊重和进行平等的交流。

6.2.3 经济主义思想——现代性的片面人生观

现代社会一个十分突出的特征就是经济主义或实利主义，它在很大程度上已成为约定俗成的意识形态和不被质疑的存在价值论。

在现代性的演进中尤其是工业文明以来，经济在世俗社会中的功能和作用强劲凸显，并逐渐成为社会的主导力量。在现代文明中，"'人与物之间的关系（物质需要）是首要的，人与人之间的关系（社会）则是次要的……人与物之间的关系高于人与人之间的关系……这是一个决定性的转变，这一转变将现代文明与所有其他文明形式区分开来，它也符合我们的意识形态领域关于经济至上的观点。'这也就是说，社会应当从属于经济，而不是经济从属于社会"[51] 随之而来，从前传统社会的道德观被现代社会的经济观所代替，物质的繁荣和财富的聚积成为社会生活的核心和世俗社会观念的荣耀，经济的迅猛发展和物质的急剧增长成为现代文明的显著标志。

经济主义对于人的基本假设或信条就是，人是经济的动物，以此来看待人类时，无限度地改善人的物质生活条件的欲望就被看成是人的内在本质属性；个人幸福和社会进步与经济增长具有内在的统一性，并坚信无限丰富的物质商品可以解决所有的人类问题。同时，这种价值取向已不仅内化为社会的信念，而且也内化于个人的心灵，不仅被推崇为社会的信仰，而且也成为个人的理想。在这样的理念之下，人们很容易将经济利益作为选择的第一条件。这样的例子不胜枚举：浙江景宁东弄村畲民因为编织彩带太耗时又不

---

❶　马褂式服装下摆正中开口是为了适应骑马时的跨坐姿势，是典型北方游牧民族服装。

经济，所以人们都不愿意再编织[31]（参见前文 2.4）；福建"盈盛号"金银饰品有限公司经理林贤学说，新生代的青年人也有着和祖辈们完全不同的人生观和价值观，越来越少的畲族青年愿意选择制银这一耗时耗力的古老行当，从业人数不断减少。

财富变为唯一衡量标准的理念直接导致了民族艺人的流逝，缺少新生代传承人。同时有人认为，工业大生产大幅降低商品成本，对财富积累的热衷诱导人们选择便宜的成衣。福鼎市民宗局兰新福局长就认为当代畲族传统服饰的没落主要是由于传统畲服跟市场上的时装相比没有价格优势（参见前文 4.8）。

在罗源市竹里村兰曲钗师傅处我们了解到，包括腰带在内的一整套罗源式畲服需要五天时间完成，总价在一千以上，但来订购的畲民仍络绎不绝（参见前文 4.5）。究其原因，向阳里村为代表的飞鸾式畲服覆盖地区的畲民结婚还保留着穿传统民族盛装的习俗。故接近成年的未婚少女家中都会为她备一套畲服盛装。即使一生只穿一次，一人只有一套，飞鸾式畲服也有了不少的生存空间。回溯畲服的传统生存状态，过去的畲民未必常年穿着民族盛装，平时多着与汉族服饰差异不大的常服。传统服装的传承很大程度依赖于婚礼等需要彰显民族身份的民俗活动。而在日常生活中，服饰并不需要突出其民族意义，而以实用性为主要功能。因此时值当代，工业化大生产和全球化的商业运作使大量廉价的当代服饰涌入市场，迅速替代传统服饰成为了畲民以舒适、方便、价廉为首要要求的日常服。但是这并不表明经济的发展一定带来民族文化的退后。何孝辉的调查也提及，"随着农村社会经济发展，在敕木山村出现妇女歌舞队，畲族中年妇女们主动学习和传承畲族传统文化，购买民族传统服饰穿着等，这又体现了社会经济发展能为畲族传统文化变迁与传承发展等提供良好的社会物质保障"[31]。相比在没有选择时的不得已而为之，在可以自由选择的情况下，畲民对民族服饰的主动青睐更能反映内心的民族情感和民族自信。

应该说经济主义的初衷是促进人类社会和资本主义的发展，让人们可以有更多生存选择的空间，从这个意义上说它具有自身的积极作用。但是，正如马克思所说，"随着新生产力的获得，人们改变自己的生产方式，随着生产方式即谋生的方式的改变，人们也就会改变自己的一切社会关系。手推磨产生的是封建主的社会，蒸汽磨产生的是工业资本家的社会"[52]。经济主义中生产方式对社会的绝对主导导致了市场经济大发展和随之而来的产业结构调整，倾覆了畲族服饰原有的消费市场、产业链、供应链等物质依托，对其原有的生命力带来毁灭性打击。畲族服饰呈现出"境"（原生态自然社会环境）、"人"（热爱畲服、对其传承有主观意愿的人）、"艺"（畲族服饰完整制作技艺及工具）、"材"（适应畲服制作工艺的原材料）等支撑其文化生态系统的各要素的流逝消失（参见前文 2.4、4.1、4.4、4.6、4.7、4.8）。

现代性对实利主义的片面追求，还催生了对畲服文化影响至深的逐利性旅游经济。畲服在当代的主要舞台是以推动经济为主要目的的旅游业民俗表演。在这里，它被作为商业和娱乐产品而重新包装。文化资源被商品化了，它不再只是一种人文涵养，而成为一种需要迎合市场的消费品。在民俗风情旅游的表演中，新娘不是穿传统青蓝盛装，而是穿红色缎面旗袍，非常类似汉族新娘的装扮（图 2-16）。畲族服饰迎合着游客们心目中的"民族"服饰形象，变得鲜艳多彩，而这个形象并不是来自于畲族传统文化，却往往是大众媒体所塑造出的一种对"民族"形象的通感。可以说，这种改变是一定意义上的"与时俱进"，符合市场经济的大环境，同时也在一定程度上为民族服饰文化的生存和发展争取了空间。但笔者认为还是应注意遵循畲族服饰原有的文化内涵以及畲民的审美心理，避免损伤畲族服饰中长期积淀下来的内在价值。

"经济主义顺从的是人们的贪欲，而不是与自然规律相符合的可行性"[53]。在现代快节奏物欲横流的文化生活环境里，普遍感觉到曾经畲服里那一份精致细腻被浮华所取代。似乎现代社会再容不下一针一线去体味情致，而在这曾经的一针一线中灌注的民间艺术工作者的心血，才本应是民族艺术所蕴涵的最强大生命力。

6.3　生态后现代主义视阈下民族服饰文化传承

随着对畲族服饰文化研究的不断深入，越是探究其在不同时空的风貌及发展演变，就越会发现畲族服饰可以说就是一种具有自身生命力的生态存在。经济、政治、地理等各种因素都会影响畲族服饰，令它发生变化，而它随外界刺激作出反应的同时又在维护着自身的民族性和文化内核。当以时间为纵轴，关注不同时期历史背景下畲服及其文化变迁，以地点为横截面，研究不同地域自然地理环境、人文社会环境对畲服的影响，最终呈现出来的是畲族服饰文化在历史长河中、在广阔的华夏大地的存在状态和历程。若以生态文化的视角来审视这个纵横体系，即为畲族服饰文化生态系统。观察这个系统的生态变迁，可以看到畲服逾千年的变迁中闪现着闽越土著百越族群的衣饰身影，也能发现以客家文化为代表的汉族文化的渗透影响。可以看到畲族制菁技术的发展直接导致了其服饰色彩由"五彩"、"卉服"向"皆服青色"的转变，也能发现封建强化统治间接引起了畲服在逾千年的避难历程中将作为"妖氛之党"标志的"椎髻卉裳"向"椎髻跣足"、"不巾不履"改易。这个系统的结构和内部运作机理正揭示了畲族服饰发展的规律和与自然、人文环境的互动关系，更反映出不同历史时期、不同社会阶层、不同背景、不同立场的人们观照世界万物的思维范式。

可以说，正是这种思维范式引导着整个文化的前行。在畲族文化以及其他民族文化都面临解构嬗变的当下，或许从中能够发现其凤凰涅槃般的升华契机，因为，当我们以生态后现代的视角观照它时，就更加能够理解其与周边文化因素相互协调共存的关系，更加能够尊重畲族服饰中承载的自然观、民族观、消费观及其合理性、必然性。而当我们以生态后现代的理念发展它的内在价值时，也就为畲服如何在现代文明侵袭下以"生命"的状态传承和发扬提供了伦理能量，也从而使民族传统服饰研究向具有现实意义方向发展提供了新的可能性。

在对现代性进行深刻批判的同时，生态后现代主义还积极寻找拯救对策，提出自己的主张。这些主张直指当前民族服饰文化生态保护的哲学基石，对其可持续传承有着理论指导意义。

6.3.1　以非二元论为内蕴的有机整体观、内在和谐观

生态后现代主义在反思现代性危机时，主张彻底摒弃和批判机械主义自然观和二元论，倡导崭新的以非二元论为内蕴的有机整体观、内在和谐观。它的基本内涵是：世间万事万物是联结在一起的有机整体，一切现象之间都是相互联系和相互依赖的，整个世界是一个有生命的整体。整体和部分之间的区别是相对的，它们之间的相互联系才是基本的。整体性质是首要的，部分性质是次要的。

畲族服饰文化及其他民族文化的传承正是如上所述的"系统工程"，它不仅包括针对文化遗产物象本身的保存和技艺的承习，还涉及社会、经济、政治的结构性、系统性调整；其参与者不仅是畲族本体和政府，也包含民间广大支持文化多样性的有识之士，如企业、社会团体、公民个体等。

6.3.2　尊重和关心生命共同体的文化

正如美国学者杰伊·麦克丹尼尔所说，"各种经济体制和政策应该将其目的确定为在生态学的语境中促进人的福祉，而不是为了其自身的原因促进经济增长；而且意味着，人类共同体在与其他生命形式和自然系统之富有成效的合作时，以及当他们在某种范围内受到限制的情况下，为其他活的生息存在保留空间

时，实现其繁荣"[75]。将共存于世的其他生命体看作与自身完全平等的存在，将多元共同繁荣视作发展的首要前提，是扭转单面性的男性精神（强权意识）的支点。在此基础上，重视弱势群体文化的内在核心价值、尊重其生存模式、增强其生命力，才能真正保证其繁荣和延续。

畲服传承的动机首先是发自内心的尊重和热爱，传承的对象首先是凝聚于畲服之上的美和生命力。在传承的过程中，首先要做的是唤起畲族人民的民族意识和文化归属感、激发其他人对畲服的喜爱，而不是用强制的手段维持畲服的"表面繁荣"。目前，每年举行的畲服设计大赛在推动服装设计业界对畲服的关注方面起到了明显的积极作用。笔者建议还可以学习西方时尚界扶持传统手工技艺作坊的有益经验，为畲服爱好者创造可持续的传承环境，如畲族服饰等技艺的研习班、传习所，并为研习产品寻求市场对接。

6.3.3 知识信息社会与传统文化传承的双赢

目前，我国已开始步入从工业社会向信息社会的转型阶段，"信息技术"与"知识经济"的兴起对生态后现代主义理念和实践都产生了重大的影响。2002年在约翰内斯堡召开的可持续发展首脑会议上，会议提倡发展绿色经济以及用科技手段来解决生态环境问题。这为畲族服饰如何在今后的发展中焕发生机提供了思路。科技经济的发展与文化的传承并不一定是对立的关系，相反，在生态现代主义的视角下，两者可以通过信息技术等高新科技联系在一起，实现共赢，如对畲族传统服饰进行数字化保存、信息化传播、网络化供销等。

"哪里没有生态意识，哪里的人民就将灭亡"[56]。生态主义直指当下世界一系列危机、问题，为人类开出一剂良方。"事实上，如果这种见识成了我们新文化范式的基础，后世公民将会成长为具有生态意识的人，在这种意识中，一切事物的相互关系都将受到重视。我们必须轻轻走过这个世界，仅仅使用我们必须使用的东西，为我们的邻居和后代保持生态的平衡，这些意识将成为'常识'，"具备这样态度的世界公民将会有更好的机会享受平静的生活并与他人和平共处"[51]。

参考文献

［1］景宁畲族自治县志编纂委员会.景宁畲族自治县志［M］.杭州：浙江人民出版社，1995：101.

［2］施联珠，雷文先.畲族历史与文化［M］.北京：中央民族学院出版社，1995：62，63，269，282.

［3］谢重光.畲族与客家福佬关系史略［M］.福州：福建人民出版社，2002：11，197.

［4］（明）宋濂.元史卷十：世祖本纪［M］.北京：中华书局，1983：211.

［5］施联朱.关于畲族来源与迁徙［J］.中央民族学院学报，1983，02：36-44.

［6］曾少聪.汉畲文化的接触——以客家文化与畲族文化为例［J］.中南民族学院学报（哲学社会科学版），1996，81（5）：51.

［7］罗香林.客家研究导论［M］.上海：上海文艺出版社，1992：37，42，241.

［8］谢重光.明清以来畲族汉化的两种典型［J］.韶关学院学报（社会科学版），2003，24（11）：13.

［9］（清）王柏，（清）昌天锦，等.平和县志［M］.台北：成文出版社，1967：258.

［10］钟雷兴，吴景华，等.闽东畲族文化全书：服饰卷［M］.北京：民族出版社，2009：104-107.

［11］中国少数民族社会历史调查资料丛刊福建省编辑组.畲族社会历史调查［M］.福州：福建人民出版社，1986：297-364.

［12］司马云杰.文化社会学［M］.北京：中国社会科学出版社.2001：318，412，406.

［13］石峰."文化变迁"研究状况概述［J］.贵州民族研究.1998，76（4）：7.

［14］（美）威尔逊，新的综合：社会生物学［M］.阳河清，编译.成都：四川人民出版社，1985：23-25.

［15］谢重光.两宋之际客家先民与畲族先民关系的新格局［J］.福建论坛（人文社会科学版）.2002（2）：37.

［16］陈东生，刘运娟，甘应进.论福建客家服饰的文化特征［J］.厦门理工学院学报，2008，16（2）：2-3.

［17］闫晶，范雪荣，吴微微.畲族古代服饰文化变迁［J］.纺织学报，2011，32（2）：120-124.

［18］施联朱，宇晓.畲族传统文化的基本特征［J］.福建论坛（文史哲版），1991（1）：59-60.

［19］蒋炳钊.畲族史稿［M］.厦门：厦门大学出版社，1988：27-28.

［20］雷志良.畲族服饰的特点及其内涵［J］.中南民族学院学报（人文社会科学版），1996，81（05）：131.

［21］刘志文.广东民俗大观（上卷）［M］.广州：广东旅游出版社，1993：35-36.

［22］方清云．论畲族的民族特性及形成原因——以江西省贵溪市樟坪畲族乡为例［J］．中南民族大学学报（人文社会科学版），2009，29（3）：85．

［23］魏兰．畲客风俗［M］．上海：顺成书局，1906．

［24］潘洪钢．清代的"十从十不从"［J］．文史天地，2011（8）：66-67．

［25］沈作乾．括苍畲民调查记［J］．北京大学研究所国学门周刊，1924：1（4/5）．

［26］（德）哈·史图博，李化民．浙江景宁县敕木山畲民调查记［M］．武汉：中南民族学院民族研究所，1984．

［27］政协浙江省云和县委员会．云和文史资料［M］．中国人民政治协商会议浙江省云和县委员会文史资料研究委员会．1985．

［28］浙江省景宁自治县委员会．景宁文史（第3辑）［M］．1989：77，10．

［29］政协浙江省丽水市委员会．丽水文史资料（第4辑）［M］．中国人民政治协商会议浙江省丽水市委员会文史资料委员会．1987．11：2，24，38，69，198，217．

［30］中国少数民族社会历史调查资料丛刊福建省编辑组．畲族社会历史调查［M］．福州：福建人民出版社，1986：295．

［31］何孝辉．浙江畲族80年文化变迁——《浙江景宁县敕木山畲民调查记》回访调查［J］．丽水学院学报．2012，34（6）：48－53．

［32］蓝炯熹．畲族传统服饰的地域色彩、文化内涵和发展前景［C］．//李汉柏，新世纪的彩霞——首届中国少数民族服饰文化学术研讨会论文集，北京：红旗出版社，2003：192．

［33］（清）卢建其，（清）张君宾．福建省地方志编纂委员会整理．舆地·物产．宁德县志（卷一），福建旧方志丛书［M］．厦门：厦门大学出版社．2012．

［34］潘宏立．福建畲族服饰类型初探［J］．福建文博，1987（2）．

［35］俞郁田，霞浦县民族事务委员会《霞浦县畲族志》编写组．霞浦县畲族志［M］．福州：福建人民出版社．1993：106-113．

［36］（清）杨长杰，（清）黄联钰，等．贵溪县志（卷14）杂类轶事［M］．台北：成文出版社．1989．

［37］吴宗慈，等．江西通志稿，第三十八册，江西畲族考［M］．南昌：江西省博物馆江西通志稿整理组．1985．

［38］龙锐．贵州隆昌畲族社区的社会经济状况［J］．宁德师专学报（哲学社会科学版）．1998（2）：3．

［39］贵州省民族宗教事务委员会．畲族［EB/OL］．（2014-06-05）http://www.gzmw.gov.cn/index.php?m=content&c=index&a=show&catid=56&id=16．

［40］360百科．词条：东家人［EB/OL］．http://baike.so.com/doc/6540159-6753898.html．

［41］曾祥慧．贵州畲族"凤凰衣"的文化考察［J］．原生态民族文化学刊，2012（4）：96，101．

［42］周兴．六堡畲族服饰研究［J］．魅力中国．2014，（14）：93．

［43］董波．从东家人到畲族——贵州麻江县六堡村畲的人类学考察［D］．厦门大学硕士学位论文，2008：54-55．

［44］李筱文．广东畲族与畲族研究［J］．广东技术师范学院学报．2006（2）：1-6．

［45］朱洪，姜永兴．广东畲族研究［M］．广州：广东人民出版社，1991．

［46］（明）黄一龙，（明）林大春．风俗志．潮阳县志［M］．天一阁藏明代方志选刊．隆庆版卷

八一．上海：上海古籍书店．1963．

　　［47］朱洪，李筱文．丰顺县凤坪村畲族社会历史情况调查［M］//广东省畲族社会历史调查资料汇编，广州：广东省民族研究所，1983：48．

　　［48］（汉）班固．地理志．汉书（卷二八下）［M］，北京：中华书局．2005．

　　［49］（清）傅恒．皇清职贡图（题记）［M］．海口：海南出版社．2001．

　　［50］C．斯普瑞特奈克，秦喜清．生态女权主义建设性的重大贡献［J］．国外社会科学，1997（6）．

　　［51］（美）大卫·雷·格里芬．后现代精神［M］．王成兵译．北京，中央编译出版社，1998：19，226-228．

　　［52］马克思，恩格斯．关于费尔巴哈的提纲［M］//马克思恩格斯选集（第1卷），中共中央马克思恩格斯列宁斯大林著作编译局，编译．北京：人民出版社，1995：142．

　　［53］于文秀．生态文明时代的文化精神［N］．光明日报，2006-11-27．

　　［54］杰伊·麦克丹尼尔．生态学与文化：一种过程的研究方法［M］．求是学刊，2004．

　　［55］赵白生．生态主义：人文主义的终结？［J］．文艺研究，2002（5）．